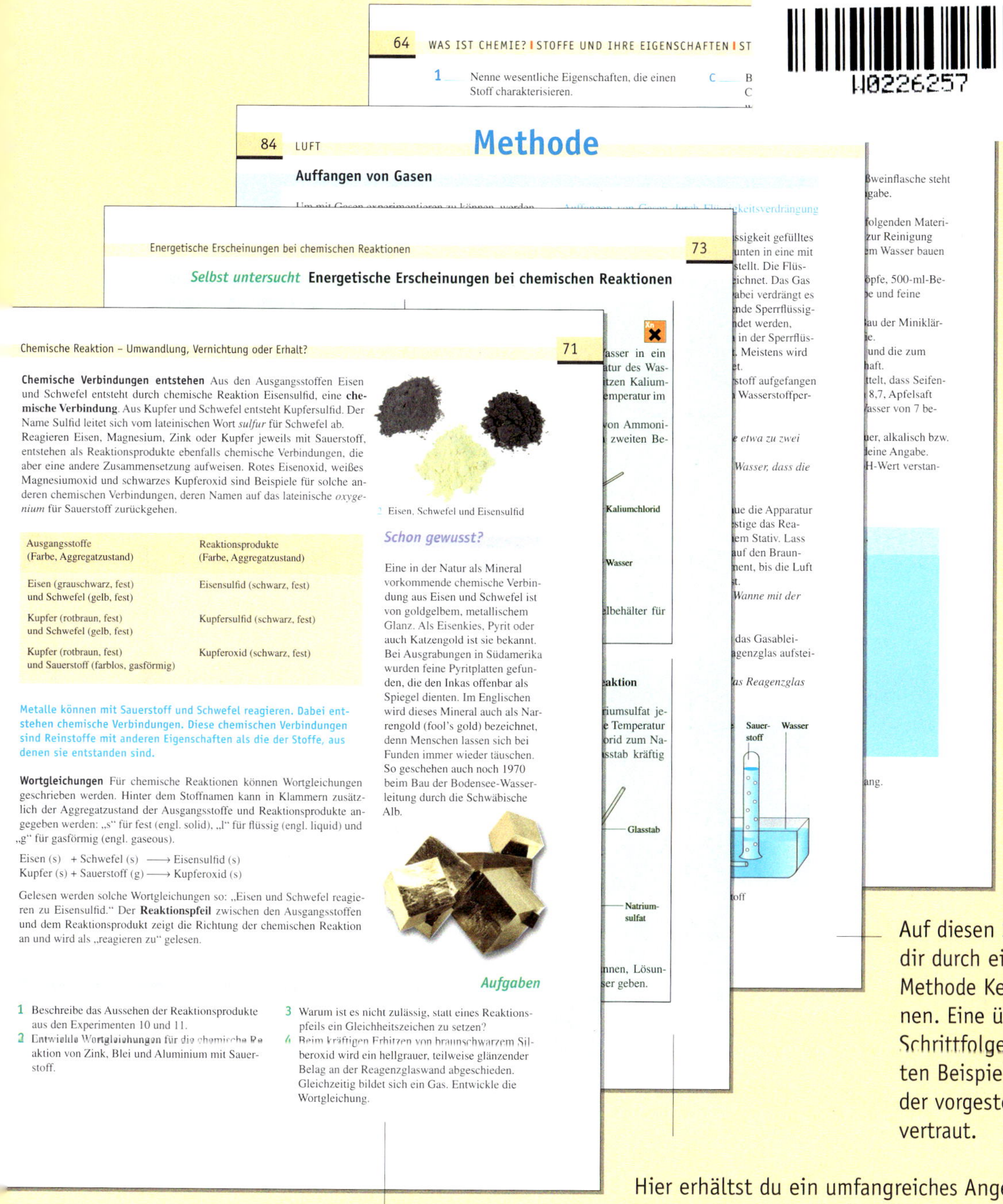

...iche Kenntnisse, Fähigkeiten und Kompetenzen kannst du hier selbstständig überprüfen.

Auf diesen Seiten kannst du dir durch eine bestimmte Methode Kenntnisse aneignen. Eine übersichtliche Schrittfolge an einem konkreten Beispiel macht dich mit der vorgestellten Methode vertraut.

Hier erhältst du ein umfangreiches Angebot an Experimenten, die du selbstständig unter Aufsicht deiner Chemielehrerin oder deines Chemielehrers durchführen kannst. Dabei ist es erforderlich, dass du die Hinweise zum Arbeitsschutz sowie zu den Gefahrstoffen und deren Entsorgung beachtest. Weitere Vorschläge für Experimente findest du auf den Seiten „Selbst erforscht“. Diese Seiten geben dir Anregungen zum selbstständigen Bearbeiten eines Projekts.

Die wichtigsten Inhalte sind in blauen Merksätzen formuliert. Am Ende eines Kapitels werden wichtige Begriffe und Aussagen auf den Seiten „Auf einen Blick“ wiederholt.

Mithilfe der Aufgaben kannst du dein Wissen überprüfen. Darüber hinaus eignen sich die Aufgaben zum Wiederholen und Üben. Auf den Seiten „Weitergedacht“ am Ende des Kapitels findest du besondere Aufgaben zur Vertiefung und Vernetzung deiner Fähigkeiten.

Fokus *Chemie*

Klasse **8**

Gymnasium

Hessen

Cornelsen

Autoren: Dr. Barbara Arndt, Prof. Dr. Volkmar Dietrich, Andreas Eberle, Andrea Hein, Dr. Uwe Lüttgens, Ralf Malz

Herausgeber: Dr. Karin Arnold, Prof. Dr. Volkmar Dietrich

Redaktion: Volkmar Kolleck, Heidi Riens

Illustration: Wolfgang Mattern, Hans Wunderlich

Karikatur: Joachim Gottwald

Grafik: Marina Goldberg

Umschlaggestaltung: Wolfgang Lorenz, Ellen Meister

Layoutkonzept: Wolfgang Lorenz

Layout und technische Umsetzung: Jürgen Brinckmann, Karla Detlefsen, Sabine Matthes

www.cornelsen.de

1. Auflage, 1. Druck 2008

Alle Drucke dieser Auflage sind inhaltlich unverändert und können im Unterricht nebeneinander verwendet werden.

Druck: CS-Druck CornelsenStürtz, Berlin

ISBN 978-3-06-013072-6

Inhalt gedruckt auf säurefreiem Papier aus nachhaltiger Forstwirtschaft.

Inhalt

Metalle 5

Selbst untersucht Metalle auf dem Prüfstand 6
Eigenschaften von Metallen 8
Methode Ermitteln von Daten und Informationen über Stoffe 10
Welt der Chemie Die Vielfalt der Metalle 11
Bedeutung und Verwendung von Metallen 12
Bau der Metalle 14
Elemente und Symbole 16
Welt der Chemie Modelle als wissenschaftliches Arbeitsmittel 17
Periodensystem der Elemente 18
Weitergedacht 19
Auf einen Blick 20

Zeichensprache und quantitative Betrachtungen 21

Moleküle 22
Einige Oxide 24
Von der chemischen Bindung zur Reaktionsgleichung 26
Masse und Stoffmenge 28
Die molare Masse 30
Masseberechnungen bei chemischen Reaktionen 32
Methode Berechnen von Massen bei chemischen Reaktionen 34
Welt der Chemie Geschichte der chemischen Zeichensprache 35
Weitergedacht 36
Auf einen Blick 37
Check-up 38

Alkali- und Erdalkalimetalle 39

Welt der Chemie Feuerwerk 40
Selbst untersucht Eigenschaften von Alkali- und Erdalkalimetallen 41
Natrium 42
Die Elemente der I. Hauptgruppe 44
Magnesium und Calcium 46
Die Elemente der II. Hauptgruppe 48
Methode Internetrecherche 50
Weitergedacht 51
Auf einen Blick 52

65 Halogene und Edelgase

54 Die Elemente der VII. Hauptgruppe
56 Halogene – die Salzbildner
58 Welt der Chemie Iod – ein lebensnotwendiges Spurenelement
59 Methode Ermitteln der Verhältnisformel einer chemischen Verbindung
60 Selbst erforscht Fotografie
62 Reaktion von Halogenen mit Wasserstoff
64 Die Elemente der VIII. Hauptgruppe
67 Welt der Chemie Entdeckung der Edelgase
68 Weitergedacht
69 Auf einen Blick
70 Check-up

71 Atombau und Periodensystem der Elemente

72 Die chemischen Elemente und der Aufbau der Atome
76 Welt der Chemie Blick ins Atom
77 Welt der Chemie Blick ins Weltall
78 Die periodische Ordnung
81 Welt der Chemie Die Suche nach Ordnung
82 Methode Ermitteln von Aussagen über Elemente aus dem Periodensystem
83 Weitergedacht
84 Auf einen Blick

85 Salze

86 Salz – Steinsalz – Kochsalz
88 Welt der Chemie Salz – das „weiße Gold“
90 Selbst untersucht Eigenschaften von Salzen
92 Natriumchlorid – ein aus Ionen aufgebauter Stoff
94 Salze sind Ionenverbindungen
96 Chemische Reaktionen von Metallen mit Halogenen
98 Lösungen von Salzen
100 Elektrische Leitfähigkeit und Salze
102 Im Brennpunkt Technische Anwendungen der Elektrolyse
104 Weitergedacht
105 Auf einen Blick
106 Check-up

107 Anhang

108 Lösungen zu den Check-up-Aufgaben
112 Gefahrensymbole, Gefahrenhinweise
113 Sicherheitsratschläge
114 Entsorgung von Gefahrstoffabfällen
115 Liste von Gefahrstoffen
118 Register und Bildnachweis

Metalle

Täglich begegnen wir Gegenständen aus Metall: Fahrrädern, Autos, Brücken, Brillengestellen oder Geldmünzen. Auch Fassaden können aus Metall bestehen. Das von FRANK O. GEHRY entworfene Guggenheim-Museum in Bilbao ist mit 33 000 kleinen, hauchdünn mit Titan beschichteten Stahlplatten bedeckt. Sie lassen das märchenhafte Gebäude in jedem Licht der Umgebung erscheinen. Metalle sind aus Alltag, Medizin und Technik nicht wegzudenken. Ihre Anwendungsmöglichkeiten erscheinen grenzenlos.

- → Welche verschiedenen Metalle gibt es?
- → Welche gemeinsamen Eigenschaften besitzen Metalle?
- → Worin liegen die Ursachen für die Eigenschaften der Metalle?
- → Welche Bedeutung haben Metalle für den Menschen?

Selbst untersucht Metalle auf dem Prüfstand

1 Prüfe das Aussehen von Stoffen.
Reibe Stücke von Aluminium, Zinn, Eisen, Holz, Kunststoff, Kupfer und Zink mit feinem Schleifpapier ab.
Beschreibe die Farbe und die Oberfläche der Stoffe und prüfe diese auf Lichtdurchlässigkeit.
Entsorgung: Feststoffe einsammeln, werden wieder verwendet.

2 Ordne die Stoffe nach ihrer Verformbarkeit.
Lege Stücke von Aluminium, Blei, Eisen, Holz, Kunststoff, Kupfer und Zink auf eine feste, gegen Schlag unempfindliche Unterlage. Schlage mehrfach mit einem Hammer darauf.
Notiere deine Beobachtungen. Ordne die Stoffe.
Entsorgung: Feststoffe einsammeln, werden wieder verwendet.

3 Bestimme die Dichte von Metallen.
Du benötigst je ein Stück Eisen, Kupfer, Aluminium, Blei, Magnesium und Zink. Wiege die einzelnen Metallstücke und notiere ihre Massen. Ermittle das Volumen der Metallproben, indem du einen Messzylinder mit genau 50 ml Wasser füllst und anschließend das Metall in den Messzylinder gibst. Lies jeweils erneut das Volumen ab und berechne die Volumendifferenz.

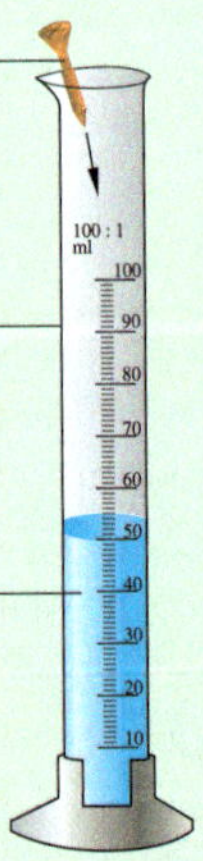

Berechne die Dichte der einzelnen Stoffe und vergleiche sie mit den Werten in Tabellen.
Entsorgung: Metalle einsammeln, werden wieder verwendet.

4 Vergleiche Schmelztemperaturen von Zinn, Kupfer und Zink.
Vorsicht! Schutzbrille! Erhitze nacheinander etwa gleich große Stücke von Zinn, Kupfer und Zink in einem Schmelztiegel. Sollte der Stoff schmelzen, gieße die Schmelze in ein großes, mit Wasser gefülltes Becherglas.
Notiere deine Beobachtungen. Ordne die Stoffe entsprechend ihrer Schmelztemperatur. Überprüfe deine Entscheidung unter Einbeziehung der entsprechenden Tabellenwerte.
Entsorgung: Metalle einsammeln, werden wieder verwendet.

5 Untersuche die elektrische Leitfähigkeit.
Untersuche die elektrische Leitfähigkeit von Gegenständen aus Aluminium, Blei, Eisen, Holz, Kunststoff, Kupfer und Zink.

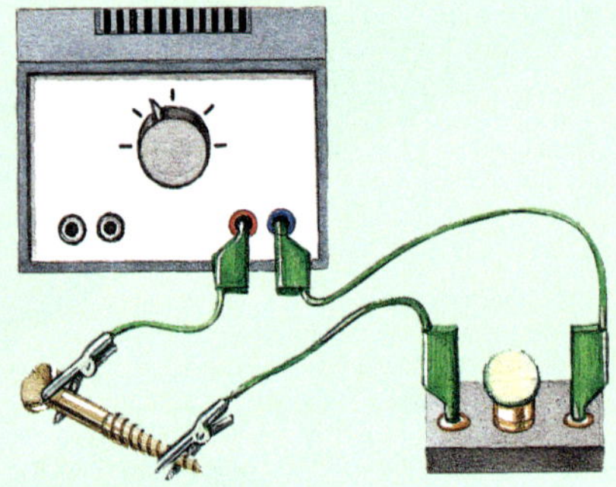

Ordne die Stoffe nach ihrer elektrischen Leitfähigkeit.
Entsorgung: Metalle einsammeln, werden wieder verwendet.

6 Prüfe die Härte von Metallen.
Versuche Blechstreifen gleicher Stärke von Kupfer, Blei und Eisen mit einem Stahlnagel zu ritzen.
Notiere deine Beobachtungen. Ziehe Schlussfolgerungen in Bezug auf die mögliche Verwendung der Metalle.
Entsorgung: Metalle einsammeln, werden wieder verwendet.

7 Untersuche das Verhalten gegenüber einem Magneten.

Bewege einen Magneten dicht über die Oberfläche eines Kupferspans, eines Eisenspans, eines Magnesiumspans und eines Stückes Zink.
Notiere Gemeinsamkeiten und Unterschiede.
Entsorgung: Metalle einsammeln, werden wieder verwendet.

8 Vergleiche die Wärmeleitfähigkeit.

Vorsicht! Schutzbrille! Gib auf etwa 5 cm lange Stücke von Aluminium, Blei, Eisen, Kupfer und Zink je einen etwa gleich großen Tropfen Kerzenwachs an ein Ende des Stückes. Halte das Metall mithilfe einer Tiegelzange mit dem anderen Ende in eine kleine Brennerflamme und ermittle die Zeit bis zum Schmelzen des Wachses.

Notiere Gemeinsamkeiten und Unterschiede.
Entsorgung: Metalle einsammeln, werden wieder verwendet.

9 Erstelle Steckbriefe von Metallen.

Führe die Experimente 1 bis 8 für die Metalle Eisen, Kupfer und Zink durch. Notiere in Steckbriefen jeweils die Eigenschaften Farbe, Glanz, Aggregatzustand bei Zimmertemperatur, Verformbarkeit, Dichte, elektrische Leitfähigkeit, Verhalten gegenüber Magneten, Härte, Wärmeleitfähigkeit. Entwickle einen allgemein gültigen Steckbrief für Metalle.

10 Vergleiche die Eigenschaften von Legierungen und Metallen.

Untersuche die elektrische Leitfähigkeit, die Wärmeleitfähigkeit, die Dichte, die Härte und die Verformbarkeit von Bronze, Messing, Kupfer, Zink und Zinn.
Erkunde die Schmelztemperaturen dieser Stoffe in Tabellenwerken.
Vergleiche die ermittelten Eigenschaften der Legierungen mit denen der reinen Metalle, aus denen sie jeweils zusammengesetzt sind.
Entsorgung: Feststoffe einsammeln, werden wieder verwendet.

11 „Vergolde" eine Kupfermünze.

Vorsicht! Schutzbrille! Gib eine gereinigte Kupfermünze in ein kleines Becherglas mit 20 ml 10%iger Natronlauge (C) und zwei Spatelspitzen Zinkpulver. Erhitze unter Umrühren vorsichtig bis zum Sieden. Lasse die Münze noch einige Zeit im Becherglas liegen. Nimm sie mit einer Tiegelzange heraus und spüle sie gut mit Wasser ab. Erwärme die Münze vorsichtig in der Brennerflamme. Berühre die Münze mit der Tiegelzange nur am Rand. Sie darf nicht glühen!

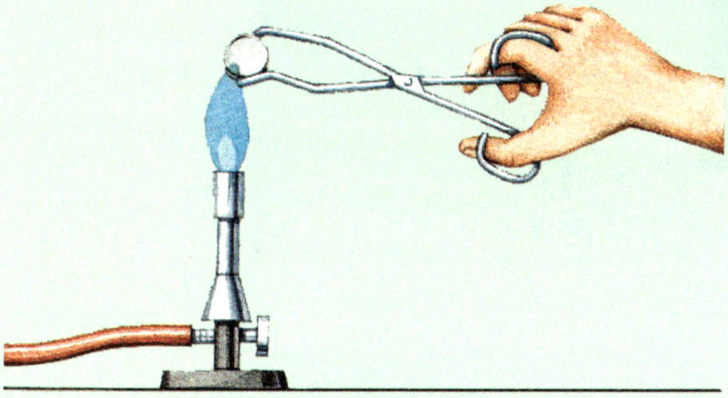

Notiere deine Beobachtungen. Wie hat sich das Aussehen der Münze verändert? Suche nach einer Erklärung für deine Beobachtung.
Entsorgung: Überschüssiges Zinkpulver mit Wasser reinigen und aufbewahren; Natronlauge in den Sammelbehälter I geben.

Eigenschaften von Metallen

Auf den Platinen eines Computers wimmelt es von Kontakten, Drähten, Lötstellen, Kabeln und Blechen. Dicht gedrängt sind die elektronischen Bauteile über Leiterbahnen miteinander verbunden. Ohne genaue Kenntnisse über die Eigenschaften der Metalle wären viele moderne Technologien nicht vorstellbar.
Wodurch unterscheiden sich Metalle von anderen Stoffen? Warum sind sie als vielseitige Werkstoffe so interessant?

1 Blick ins Innere eines Computers

2 Goldschmiedin bei der Arbeit

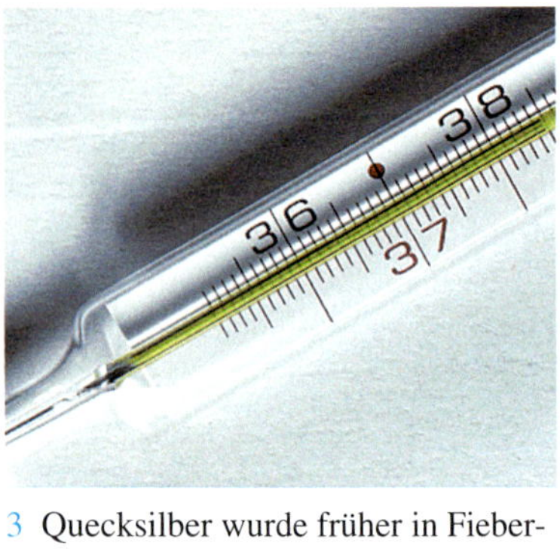

3 Quecksilber wurde früher in Fieberthermometern eingesetzt.

Eigenschaften von Metallen Ihr habt eine Vielzahl unterschiedlicher Stoffe untersucht. Darunter waren auch Metalle. Ihre Eigenschaften unterscheiden sich von denen anderer Stoffe. Wie sich in Experimenten feststellen lässt, haben Metalle gemeinsame Eigenschaften, an denen wir sie erkennen können. Allerdings gibt es auch Unterschiede zwischen den einzelnen Metallen. ↑S.6/7

Eigenschaften von Metallen

Metall	Eigenschaften
Eisen	silberweiß glänzend, relativ weich und dehnbar, an feuchter Luft bildet sich schnell eine Schicht aus rotbraunem Rost, leitet die Wärme und den elektrischen Strom
Kupfer	rötlich bis gelbrot glänzend, sehr weich und gut verformbar, leitet die Wärme und den elektrischen Strom sehr gut
Aluminium	silberweiß glänzend, geringe Dichte, leitet die Wärme und den elektrischen Strom gut, läuft an der Luft leicht an
Silber	weiß glänzend, weich und leicht verformbar, leitet die Wärme und den elektrischen Strom sehr gut

Einige Metalle zeichnen sich durch besondere Eigenschaften aus. **Zinn** und **Cadmium** schmelzen bereits bei sehr niedrigen Temperaturen. **Quecksilber** ist als einziges Metall bei Zimmertemperatur flüssig. **Wolfram** besitzt den höchsten Schmelzpunkt aller Metalle. Einige Metalle, wie **Natrium** oder **Magnesium**, laufen an der Luft sehr leicht an. Sie bilden eine Schutzschicht, unter der die glänzende Oberfläche verborgen bleibt. Drei Metalle zeigen magnetische Eigenschaften: **Eisen**, **Cobalt** und **Nickel**.

Metalle – eine Stoffgruppe Stoffe, die gemeinsame, charakteristische Eigenschaften haben, bilden eine **Stoffgruppe**. Durch die experimentelle Untersuchung verschiedener Metalle konntet ihr solche charakteristischen Eigenschaften für die Metalle feststellen. ↑S.6/7
Alle Metalle zeichnen sich durch ihren wenn auch unterschiedlich farbigen metallischen **Glanz** aus. Die **Verformbarkeit** ist eine weitere gemeinsame Eigenschaft der Metalle. Sie lassen sich durch Walzen, Schmieden und Ziehen verformen und bearbeiten. Metalle zeichnen sich durch ihre gute **Wärmeleitfähigkeit** und **elektrische Leitfähigkeit** aus.
Einzelne Eigenschaften werden genutzt, um Metalle einzuteilen. Nach ihrer Dichte lassen sich **Schwermetalle** ($\varrho > 5\,g/cm^3$), wie Eisen, Kupfer und Blei, von **Leichtmetallen** ($\varrho < 5\,g/cm^3$), wie Magnesium und Aluminium, unterscheiden.

4 Die Schnittfläche von Natrium läuft schnell an.

5 Die Wolframwendel einer Glühlampe muss Temperaturen bis 3000 °C standhalten.

Die Metalle haben gemeinsame Eigenschaften. Sie leiten die Wärme und den elektrischen Strom. Sie zeichnen sich durch ihren metallischen Glanz und ihre gute Verformbarkeit aus.

Steckbrief Blei

Farbe: bläulich weiß
Glanz: glänzend
Aggregatzustand bei Zimmertemperatur: fest
Verformbarkeit: sehr gut
Dichte: $11{,}34\,g/cm^3$
Elektrische Leitfähigkeit: gut
Härte: weich
Wärmeleitfähigkeit: gut

Steckbrief Gold

Farbe: rötlich bis gelb
Glanz: glänzend
Aggregatzustand bei Zimmertemperatur: fest
Verformbarkeit: sehr gut
Dichte: $19{,}3\,g/cm^3$
Elektrische Leitfähigkeit: sehr gut
Härte: weich
Wärmeleitfähigkeit: sehr gut

Schon gewusst?

Mit der Frage, ob gewöhnliche Metalle in Gold und Silber umgewandelt werden können, beschäftigte sich die Alchemie. Wahrscheinlich ist der Name ursprünglich dem chinesischen Wort „kimya" entlehnt. Es bedeutet so viel wie „goldmachender Saft". Über Handelswege zu den Arabern gelangt, nannten diese die Goldmacherkunst „al chemieia", die Alchemie.

Aufgaben

1 Erkunde die Dichte von Eisen, Kupfer, Aluminium, Blei, Magnesium und Zink. Informiere dich dazu in einem Tabellenwerk und erstelle eine Übersicht. Vergleiche die Werte mit den Versuchsergebnissen. Teile die Metalle in Leichtmetalle und Schwermetalle ein.

2 Erstelle Steckbriefe von Magnesium und Aluminium. Nutze dazu die Ergebnisse der Experimente und ein Tabellenwerk.

3 Suche nach Volksweisheiten und Sprüchen, die mit Metallen zu tun haben. Erläutere deren Bedeutung.

4 Erkundige dich nach „kalten" und „heißen" Methoden der Metallbearbeitung. Stelle einige Werkzeuge und Methoden in der Klasse vor. Welche Eigenschaften spielen dabei eine Rolle?

Methode

Ermitteln von Daten und Informationen über Stoffe

Oft ist es notwendig, Daten und Informationen z. B. über besondere Stoffe zu ermitteln. Tipps und Hinweise zum Umgang mit einigen Informationsquellen findest du auf dieser Seite.
Titan ist ein silbergraues Metall mit besonderen Eigenschaften und interessanten Anwendungen. Stelle Informationen über diesen Werkstoff zusammen.

1 *Kläre, welche Informationen notwendig sind.*
Welche Eigenschaften hat Titan? Wo kommt es vor? Welche Anwendungen gibt es?

2 *Verschaffe dir einen Überblick über leicht zugängliche Informationsquellen.*
Informationsquellen können z. B. in der Schule, in einer Bibliothek und bei dir zu Hause zugänglich sein.
Mögliche Quellen:

Tabellenwerk und Lexikon
In Tabellenwerken sind wichtige Daten und Formeln übersichtlich zusammengestellt. Im Lexikon finden sich neben dem eigentlichen Eintrag, z. B. unter dem Suchbegriff „Titan“, weitere Informationen und zusätzliche Stichworte, die wichtige Anhaltspunkte zu weiterführenden Informationen über den gesuchten Stoff bieten.

Die multimediale Enzyklopädie
Digitale Nachschlagewerke, wie z. B. Microsoft Encarta, Brockhaus Multimedial oder Wikipedia, die kostenlose Enzyklopädie im Internet (de.wikipedia.org), bieten informative Artikel zu vielen Themenbereichen. Abbildungen, Diagramme, Links und zahlreiche weitere Multimediaelemente ergänzen die Artikel. Die Bedienung erfolgt über eine Suchmaske, in die der gesuchte Begriff als Stichwort eingegeben wird.

Das Internet
Suchmaschinen (z. B. www.google.de, www.lycos.de, de.yahoo.com, www.abacho.de, de.altavista.com) helfen dir bei der Recherche im Internet. Schränke deine Suche sinnvoll ein, indem du treffende Suchbegriffe verwendest und dir z. B. nur deutschsprachige Seiten oder nur Seiten von Universitäten und Organisationen anzeigen lässt.

3 *Recherchiere in den von dir ausgewählten Informationsquellen.*
Bewerte zunächst den Informationsgehalt.

4 *Wähle gezielt die Quellen aus, in denen du die benötigten Informationen genauer recherchieren kannst.*

5 *Stelle die Ergebnisse deiner Ermittlungen dar.*
Wähle eine geeignete Form der Darstellung. Dies könnten z. B. eine Tabelle, eine Übersicht oder ein Poster sein.

Name	Titan
Symbol	Ti
Vorkommen	neunthäufigstes Element auf der Erde, Bestandteil von Mineralien
Schmelztemperatur	1668 °C
Siedetemperatur	3287 °C
Dichte	4,5 g/cm³
Weitere Eigenschaften	hohe Festigkeit, Korrosionsbeständigkeit, Bioverträglichkeit
Anwendungen	als Legierungsbestandteil im Flugzeugbau und in der Raumfahrttechnik, als „Knochenersatz“ in der Medizin, als korrosionsbeständiges Metall in Wärmetauschern

Tipp für alle Recherchen Texte, einzelne Textpassagen oder Bilder aus den Quellen dürfen ausschließlich für private Zwecke genutzt werden. Füge deiner Recherche stets eine Quellenangabe hinzu. Fremde Zitate müssen als solche deutlich kenntlich gemacht werden. Hüte dich vor dem einfachen Kopieren von Beiträgen.

1 Fahrrad aus Titan

Euromünzen sind Legierungen mehrerer Metalle. Eine 50-Cent-Münze besteht z. B. aus Nordischem Gold, einer Kupfer-Aluminium-Zink-Zinn-Legierung.

Spiegel wurden ursprünglich mit Amalgam, einer Quecksilberlegierung, beschichtet. Heutige Spezialspiegel wie das Weltraumteleskop „Hubble“ werden im Vakuum mit einer hauchdünnen Metallschicht z. B. aus Silber, Aluminium oder Platin bedampft.

Im Auto sind wir während eines Gewitters vor Blitzeinschlägen geschützt. Die Karosserie aus Metall wirkt als Faraday-Käfig. Der Blitz wird über die Außenhaut des Fahrzeugs in die Erde abgeleitet.

Die Vielfalt der Metalle

Knochen stabilisierende Schrauben und künstliche Gelenke werden aus Titan gefertigt – auch wegen seiner guten Verträglichkeit im Körper.

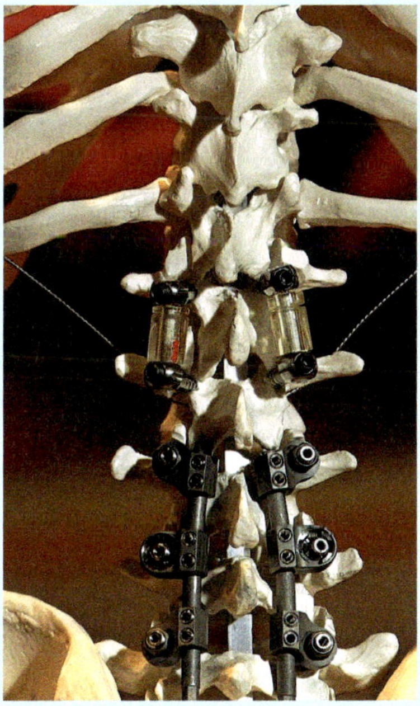

Quecksilberdampflampen werden z. B. in Beamern eingesetzt. Etwa 10 mg des flüssigen Metalls werden darin bei einem Druck von 10 MPa und einer Temperatur von über 1 000 °C verdampft und geben ein intensiv bläulich weißes Licht.

Bedeutung und Verwendung von Metallen

Die weltweit älteste astronomische Darstellung des Sternenhimmels ist die 3600 Jahre alte Himmelsscheibe von Nebra. Die fast 2 kg schwere Bronzearbeit zeigt mit ihren Goldeinlagen komplexe astronomische Phänomene. Welche Metalle spielen seit dem Altertum eine bedeutende Rolle? Wie lassen sich Eigenschaften der Metalle für unsere Zwecke verändern?

1 Himmelsscheibe von Nebra

2 Aufgesägter Eisenmeteorit

3 Militärische Rüstung

Der Mensch lernt den Umgang mit Metallen Schon in der Steinzeit wussten die Menschen mit Metallen umzugehen. Aus Gold und Silber fertigten sie Schmuck und Ritualgegenstände, die allerdings meist Priestern und Adligen vorbehalten blieben. Mit dem zunehmenden Tauschhandel in den frühen Kulturen stieg die Bedeutung beider Metalle für den Münzhandel.

Kupfer spielte bereits im frühen Altertum (Beginn ca. 4000 v. Chr.) eine bedeutende Rolle. Allerdings waren die ersten während der **Kupferzeit** (ca. 3500 bis 2500 v. Chr.) gefertigten Waffen und Werkzeuge noch spröde und brüchig. Erst durch Ausglühen am Feuer wurde das Metall gehärtet.

Die Menschen erkannten, dass Kupfer mit beigemischtem Zinn härter und leichter zu bearbeiten war. Aus dieser Legierung, der Bronze, wurden landwirtschaftliche Geräte und Waffen hergestellt. Die Kenntnisse der Bronzeherstellung gelangten aus dem Vorderen Orient nach Mitteleuropa. Die Rohstoffe mussten in der **Bronzezeit** (ca. 2500 bis 700 v. Chr.) über lange Handelswege transportiert werden.

Mit dem Beginn der **Eisenzeit** um ca. 1200 v. Chr. konnten größere Mengen an Eisen durch chemische Prozesse aus den Erzen gewonnen werden. Zuvor war Eisen selten und kostbar, da es nur in Eisenmeteoriten als Reinstoff vorkommt. Schmiedeeiserne Waffen waren den Bronzeschwertern und -schilden überlegen.

Metalle als Werkstoffe Heute sind die Metalle als Werkstoffe in allen Bereichen unseres täglichen Lebens vertreten. Handel und Transport, moderne Informationstechnologie, Wissenschaft und Forschung wären ohne Metalle nicht vorstellbar. Einige Beispiele zeigen die Vielseitigkeit dieser Stoffgruppe.

Verwendung von Metallen

Metall	Verwendung
Aluminium	im Fahrzeug- und Flugzeugbau, Haushaltsgeräte, Verpackungen, in der Elektrotechnik
Blei	Autobatterien, Schutzbekleidung, Kontakte in der Fernseh- und Computerindustrie
Gold	Schmuck, Münzen, in der Zahntechnik und der Elektronik
Kupfer	Kabel in der Elektroindustrie, Heiz- und Kühlanlagen, Rohre und Dachrinnen
Quecksilber	bei der Goldgewinnung, zur Herstellung von Batterien
Silber	Schmuck, Münzen, Besteck, Spiegel, in der Fotografie
Wolfram	Glühwendeln für die Elektro-, Fernseh- und Computerindustrie

Zusammensetzung von Legierungen

Legierung	Zusammensetzung
Chrom-Nickel-Stahl	Eisen mit 0,2 % Kohlenstoff, 18 % Chrom und Nickel
Manganstahl	Eisen mit bis zu 14 % Mangan und 0,3 bis 1,3 % Kohlenstoff
Messing	Kupfer mit bis zu 35 % Zink
Bronze	Kupfer mit bis zu 30 % Zinn
Duraluminium	Aluminium mit 4 % Kupfer, 1 % Magnesium, 1 % Silicium und 0,5 % Mangan

Werkstoffe nach Maß Metallische Werkstoffe bestehen häufig nicht nur aus einem einzigen Metall. Viele geschmolzene Metalle mischen sich miteinander und erstarren anschließend als feste, homogene Stoffgemische, die **Metalllegierungen** (lat. ligare – binden, sich vereinigen). So kann durch Zugabe von Zinn zu Kupfer Bronze gewonnen werden. Aus Zink und Kupfer erhält man Messing. Die Metalllegierungen unterscheiden sich oft stark in ihren Eigenschaften von den reinen Metallen. Meist sind sie fester, härter und korrosionsbeständiger als die zu ihrer Herstellung eingesetzten Metalle und sie besitzen eine andere Farbe. ↑E.10,11 S.7
Musikinstrumente, Lampen, Wasserhähne und viele Münzen bestehen aus Messing. Im Flugzeugbau wird wegen seiner geringen Dichte und großen Zugfestigkeit Duraluminium eingesetzt. Als Lötmetall werden Legierungen aus Zinn und Blei verwendet. Sie zeichnen sich durch ihren besonders niedrigen Schmelzpunkt aus.
Stahl, eine Legierung aus Eisen und Kohlenstoff, ist deutlich fester und härter als gewöhnliches Schmiedeeisen. Durch Zugabe von Chrom, Nickel, Mangan und anderen Metallen entstehen korrosionsbeständige und besonders harte Stähle.

4 Musikinstrumente bestehen häufig aus Messing.

Legierungen sind homogene Stoffgemische aus verschiedenen Metallen. Legierungen unterscheiden sich in ihren Eigenschaften von den reinen Metallen, aus denen sie hergestellt wurden.

EXPERIMENT 12 [L]
Herstellen einer Legierung.
Vorsicht! Schutzbrille! Zinn und Blei werden zu gleichen Teilen in einem Porzellantiegel bis zur Schmelze erhitzt. Die abgekühlte Metallmasse wird mit den ursprünglichen Metallen verglichen.

Aufgaben

1 Begründe die Überlegenheit von schmiedeeisernen Waffen gegenüber Waffen aus Stein, Kupfer oder Bronze.

2 Erkunde, welche Haushaltsgeräte aus Metall gefertigt sind. Begründe den Einsatz der Metalle.

3 Informiere dich über Gold- und Silberlegierungen in Schmuck. Erläutere die Prägung 585er-Weißgold.

4 Amalgamfüllungen werden in der Zahnmedizin eingesetzt. Erkunde Zusammensetzung und Eigenschaften dieser Legierung.

Bau der Metalle

Der griechische Philosoph DEMOKRIT (460 bis 371 v. Chr.) hatte die Vorstellung von Grundbausteinen, aus denen alle Stoffe aufgebaut sein sollen.
Heute kann der Bau der Stoffe mit modernsten Verfahren untersucht werden. Das Raster-Tunnelelektronenmikroskop zeigt eine Goldoberfläche in unvorstellbarer Vergrößerung.
Wie sind Metalle aufgebaut?

1 Goldfolie und Aufnahme einer Goldoberfläche im Raster-Tunnelelektronenmikroskop

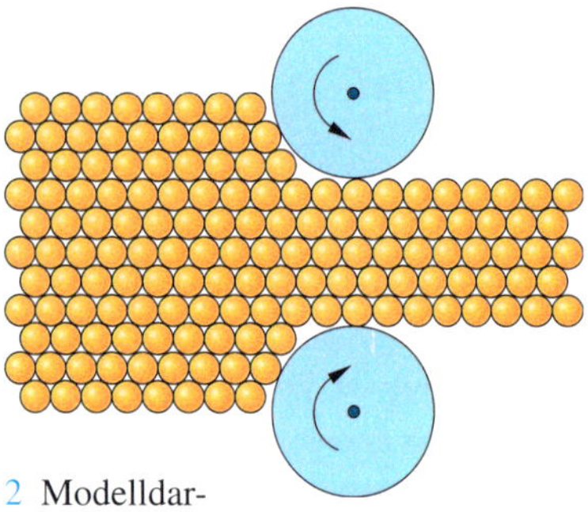

2 Modelldarstellung von Goldatomen beim Walzen

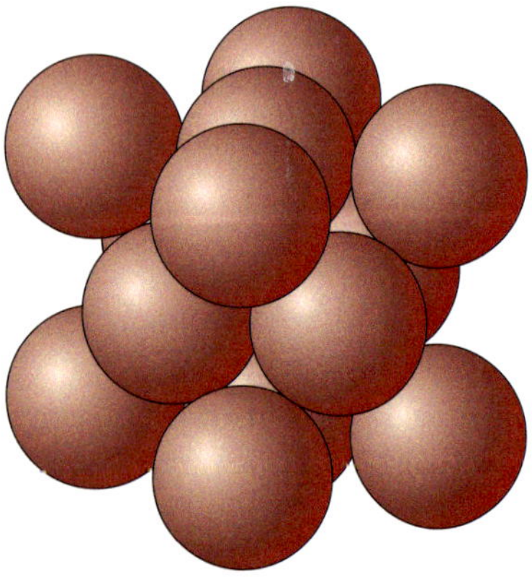

3 Modelldarstellung der Anordnung der Atome im Kupfer

Modell vom Bau der Metalle Bereits im 18. Jahrhundert lieferten Chemiker erstmals experimentelle Hinweise für die Vorstellung, dass alles, was uns umgibt, aus kleinsten Teilchen und aus leerem Raum besteht. Eine Art solcher Teilchen sind die **Atome** (griech. atomos – unteilbar). JOHN DALTON (1766 bis 1844) entwickelte 1808 sein **Atommodell** als wichtige Grundlage der modernen Chemie. Das Modell besagt: Alle Stoffe sind aus **Atomen** aufgebaut. Die Atome eines Stoffes sind unvorstellbar klein und haben eine winzige Masse. Mit dem Raster-Tunnelelektronenmikroskop lassen sich regelmäßige Anordnungen von Metallatomen erkennen. ↑1 Sie bilden Atomverbände und werden durch starke Anziehungskräfte zusammengehalten. Die Atome verschiedener Metalle unterscheiden sich u. a. in ihrer Größe und ihrer Masse.

Der Bau der Metalle und ihre Eigenschaften Wird Gold zu Blattgold ausgewalzt, verschieben sich nur die Schichten der Goldatome. Die regelmäßige Anordnung der Goldatome bleibt erhalten. ↑2
Wird ein Metall erhitzt, schwingen die Atome immer stärker. Wenn die Schmelztemperatur erreicht ist, geht ihre regelmäßige Anordnung verloren. Bei weiterer Wärmezufuhr verdampft das Metall. Die Anziehungskräfte zwischen den Atomen werden vollständig überwunden.

Der Versuch von RUTHERFORD Der englische Physiker JOSEPH J. THOMSON (1856 bis 1940) entdeckte 1897 ein fast masseloses, elektrisch negativ geladenes Teilchen im Atom, das **Elektron**. Da Atome jedoch elektrisch neutral sind, begann nun die Suche nach den Teilchen, die die negative Ladung der Elektronen im Atom ausgleichen.

Um den Bau der Atome zu untersuchen, bestrahlten ERNEST RUTHERFORD (1871 bis 1937) und seine Mitarbeiter eine sehr dünne, nur etwa 1 000 Atome dicke Goldfolie mit einem Strahl sehr kleiner, positiv geladener Teilchen. Solche Teilchen können Metallfolien leicht durchdringen, ähnlich wie Kanonenkugeln Wände durchdringen. Wie von RUTHERFORD erwartet, gingen fast alle Teilchen geradlinig durch die Folie hindurch. Einige Teilchen wurden jedoch von ihrer Flugbahn abgelenkt, sehr wenige sogar ganz zurückgeworfen. ↑4

RUTHERFORD schloss aus seinem Streuversuch, dass die positive Ladung in einem winzigen Atomkern steckt und dieser praktisch die gesamte Masse des Atoms enthält. Nach dem von ihm entwickelten **Kern-Hülle-Modell** befinden sich die Träger der positiven Ladung, die **Protonen**, im **Atomkern**. In der im Vergleich zum Atomkern riesigen **Atomhülle** befinden sich in einem fast leeren Raum die negativ geladenen **Elektronen**. Die Anzahl der positiven und negativen elektrischen Ladungen stimmt überein. Deshalb ist das Atom elektrisch neutral. ↑5

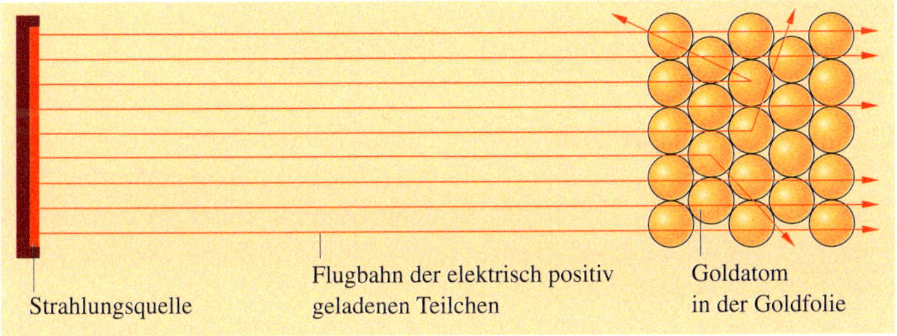

4 Modelldarstellung des Streuversuchs von RUTHERFORD

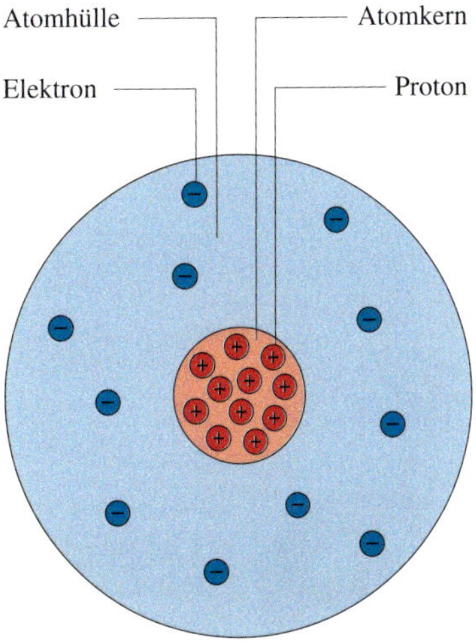

5 Kern-Hülle-Modell des Natriumatoms

Atome haben eine Masse Die Masse einzelner Atome ist unvorstellbar klein. Mit einem Proton im Atomkern und einem Elektron in der Atomhülle ist das Wasserstoffatom das leichteste Atom. Es hat eine **Atommasse** von 0,000 000 000 000 000 000 000 001 674 g. Da solche Zahlen sehr umständlich sind, wurde die **atomare Masseneinheit unit** (Einheitszeichen **u**) eingeführt. 1 u entspricht ungefähr der Masse eines Wasserstoffatoms.

$1\,u = 0{,}000\,000\,000\,000\,000\,000\,000\,001\,661\,g = 1{,}661 \cdot 10^{-24}\,g$

Das Kern-Hülle-Modell der Atome besagt: Atome bestehen aus dem elektrisch positiv geladenen Atomkern und der elektrisch negativ geladenen Atomhülle. Träger der positiven elektrischen Ladung sind die Protonen. Im Atomkern ist fast die gesamte Masse des Atoms konzentriert. Die Elektronen sind Träger der negativen elektrischen Ladung und bilden die Atomhülle. Ein Atom ist elektrisch neutral.

Schon gewusst?

Ein Atom hat einen Durchmesser von ca. 10^{-10} m. Der Atomkern hat einen Durchmesser von ungefähr 10^{-14} m. Wäre die Atomhülle so groß wie ein Fußballstadion, dann besäße der Atomkern die Größe einer Erbse und annähernd die Masse des gesamten Stadions.

Aufgaben

1 Beschreibe die Anordnung der Atome im Kupfer. Verwende dazu die Modelldarstellung. ↑3

2 Warum sind Atome elektrisch neutral? Nutze das Kern-Hülle-Modell zur Erklärung. ↑5

3 Erläutere den Nutzen von Modellen.

4 Zeichne Atommodelle von Lithium (3 Protonen im Atomkern), Aluminium (13 Protonen im Atomkern) und Eisen (26 Protonen im Atomkern).

5 Wie viel u sind 1 g?

Elemente und Symbole

Bereits in der Antike suchten griechische Naturphilosophen nach Elementen, nach Grundstoffen, aus denen sich alles andere herleitet. ARISTOTELES (384 bis 322 v. Chr.) war der Überzeugung, Feuer, Wasser, Luft und Erde seien diese Elemente.
Was verstehen wir heute unter einem Element?

1 Elemente nach ARISTOTELES

Schon gewusst?

JOHN DALTON, der bereits mit zwölf Jahren den Beruf des Lehrers ausübte, lehnte die von JÖNS JAKOB BERZELIUS entwickelte Zeichensprache massiv ab. Die Zeichen DALTONS, wie dieses für Schwefel, wiederum wurden von BERZELIUS als „grauenhaft" bezeichnet.

Ableitung chemischer Symbole aus lateinischen Bezeichnungen

Element	Lateinische Bezeichnung	Symbol
Aluminium	**al**uminium	Al
Blei	**p**lum**b**um	Pb
Calcium	**ca**lcium	Ca
Eisen	**fe**rrum	Fe
Gold	**au**rum	Au
Kohlenstoff	**c**arboneum	C
Sauerstoff	**o**xygenium	O
Stickstoff	**n**itrogenium	N
Zinn	sta**n**num	Sn

Chemische Elemente Den Beginn der modernen Chemie begründete ANTOINE LAURENT LAVOISIER (1743 bis 1794) mit seinen umfangreichen Messungen und Untersuchungen. Er prägte entscheidend den Begriff des Elements. Im 18. Jahrhundert definierte er als Element jede Substanz, die chemisch nicht weiter zerlegt werden kann.
Bei der heutigen Kennzeichnung dieses Begriffs geht man vom Bau der Atome eines Reinstoffs aus. Betrachten wir z. B. den Aufbau des Metalls Blei. Eine Stoffportion Blei besteht aus unzähligen Bleiatomen. Alle Atome des Bleis haben die gleiche Anzahl von 82 Protonen in ihrem Atomkern. Ein solcher Stoff, der nur aus Atomen einer einzigen Atomart aufgebaut ist, wird als **chemisches Element** bezeichnet.
Auf der Erde kommen über 90 Elemente natürlich vor. Etwa 20 weitere Elemente können künstlich im Labor erzeugt werden.

Ein Element besteht nur aus Atomen einer einzigen Atomart. Alle Atome eines Elements haben die gleiche Anzahl von Protonen im Atomkern.

Die Symbole der Elemente Die Alchemisten im Mittelalter verwendeten viele oft wechselnde geheime Zeichen für chemische Stoffe. Eine weltweite Angleichung der Zeichen begann im 19. Jahrhundert u. a. durch JOHN DALTON, der Kreissymbole verwendete. Der Schwede JÖNS JAKOB BERZELIUS (1779 bis 1848) schlug 1814 ein System von Buchstaben für die Elemente vor. Er bildete die Zeichen für die Elemente aus deren lateinischen oder griechischen Namen und nannte sie **chemische Symbole**. Diese chemische Zeichensprache setzte sich ab 1926 international durch.
Chemische Symbole haben mehrere Bedeutungen. Das Symbol Na steht z. B. für das Element Natrium. Ebenso symbolisiert es ein Natriumatom.

Ein Symbol steht für das Element oder für ein Atom dieses Elements. Jedes Element besitzt ein eigenes Symbol.

Einen Globus kennt jeder. Anhand dieses einfachen gegenständlichen Modells der Erde können wir viele geografische Aspekte unseres Planeten beschreiben, erläutern und besser verstehen.

Modelle als wissenschaftliches Arbeitsmittel

Modelle spielen auch für die Arbeit der Naturwissenschaftler eine wichtige Rolle. Viele Phänomene in der Natur oder im Labor lassen sich nicht direkt beobachten. Modelle werden entwickelt, um solche naturwissenschaftlichen Phänomene zu veranschaulichen, zu erklären oder vorauszusagen.

Modelle sind vereinfachte Darstellungen der Wirklichkeit. Sie spiegeln daher nur bestimmte Aspekte der Wirklichkeit wider.
Steht ein Modell im Widerspruch zu neuen wissenschaftlichen Erkenntnissen, muss das alte Modell erweitert bzw. ein neues Modell entwickelt werden.

1 Atommodell von DALTON

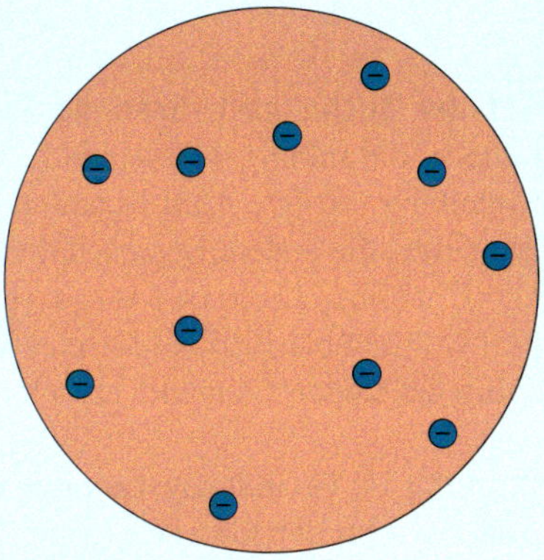

2 Atommodell von THOMSON

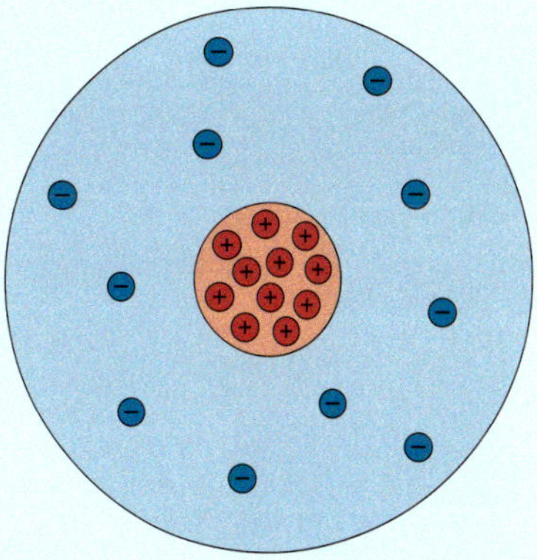

3 Atommodell von RUTHERFORD

Nach dem von JOHN DALTON entwickelten Atommodell sind Atome winzige, kugelförmige, unteilbare Teilchen. Alle Atome eines Elements besitzen die gleiche Masse und Größe. Mit dem Atommodell von DALTON konnten damals viele chemische Vorgänge erklärt werden.

Mit der Entdeckung des Elektrons musste die Vorstellung von einem unteilbaren Atom aufgegeben werden. JOSEPH THOMSON entwickelte ein Modell, in dem die negativ geladenen Elektronen in einem positiv geladenen Atom „eingebettet“ sind, ähnlich den Rosinen in einem Teig.

Überraschend waren die Ergebnisse der Versuche von ERNEST RUTHERFORD. Sie konnten durch bisherige Modelle nicht erklärt werden. RUTHERFORD entwickelte daher ein neues Modell. In seinem Kern-Hülle-Modell kreisen die negativ geladenen Elektronen um einen winzigen, positiv geladenen Atomkern, der praktisch die gesamte Masse des Atoms enthält.

Periodensystem der Elemente

In der Antike kannten die Menschen sieben Metalle: Gold, Silber, Kupfer, Blei, Zinn, Quecksilber und Eisen. Heute kennen wir mehr als 100 verschiedene Elemente, überwiegend Metalle. Manche haben fremd klingende Namen wie z. B. Actinium, Dysprosium, Protactinium oder Rutherfordium. Im Periodensystem hat jedes Element einen fest zugeordneten Platz. Wie sind die Elemente im Periodensystem angeordnet?

Periode \ Gruppe	I	II	III	IV	V	VI	VII	VIII
1	1 H							2 He
2	3 Li	4 Be	5 B	6 C	7 N	8 O	9 F	10 Ne
3	11 Na	12 Mg	13 Al	14 Si	15 P	16 S	17 Cl	18 Ar
4	19 K	20 Ca	31 Ga	32 Ge	33 As	34 Se	35 Br	36 Kr
5	37 Rb	38 Sr	49 In	50 Sn	51 Sb	52 Te	53 I	54 Xe
6	55 Cs	56 Ba	81 Tl	82 Pb	83 Bi	84 Po	85 At	86 Rn
7	87 Fr	88 Ra						

Metalle

1 Periodensystem der Elemente

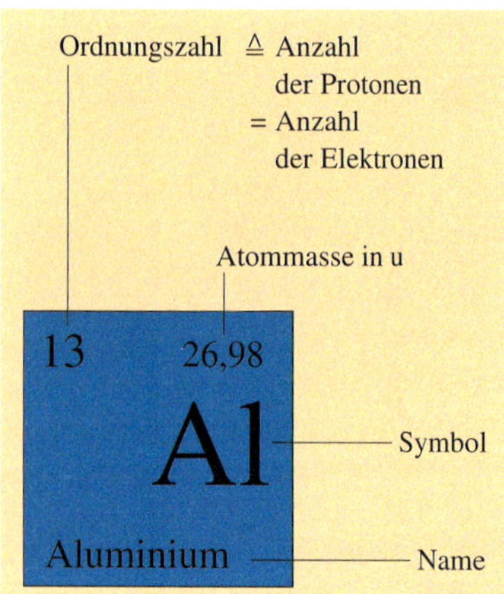

2 Feld des Elements Aluminium im Periodensystem der Elemente

Auf der Suche nach Ordnung Im 19. Jahrhundert wuchsen die Bemühungen, die ständig wachsende Zahl von Elementen zu ordnen. Eine erste Einteilung erfolgte nach Metallen und Nichtmetallen. Nichtmetalle sind Elemente, die andere Eigenschaften als Metalle aufweisen.
Die Chemiker LOTHAR MEYER (1830 bis 1895) und DMITRI I. MENDELEJEW (1834 bis 1907) ordneten 1869 unabhängig voneinander alle 60 bis dahin bekannten Elemente nach ihren Atommassen. ↑PSE im Anhang

Ordnung im Periodensystem der Elemente Die heutige Ordnung im Periodensystem der Elemente (kurz: PSE) ist im Bau der Atome begründet. Die Elemente sind nach steigender **Ordnungszahl** angeordnet. Die Ordnungszahl eines Elements entspricht der Anzahl der Protonen im Atomkern. Im Periodensystem steht sie links oben am Symbol. Dem Chemiker gibt die Stellung eines Elements im Periodensystem Auskunft über den Bau der Atome.
Die Elemente sind in waagerechten Zeilen, den **Perioden**, und in senkrechten Spalten, den **Gruppen**, angeordnet. Von links nach rechts nimmt innerhalb einer Periode die Ordnungszahl um eins zu.

Aufgaben

1 Suche die Elemente mit den Symbolen N, P, Br, H, K, Ca, F, Ne und As im PSE. Gib jeweils den Namen an. Beschreibe den Bau der Atome.

2 Gib die Symbole der Elemente Kohlenstoff, Natrium, Schwefel, Kalium, Gallium und Krypton an. Bestimme jeweils die Gruppe und Periode.

3 Welches Metall besitzt 12 Elektronen in seiner Atomhülle? Welches Nichtmetall hat 16 Protonen im Atomkern? Zeichne jeweils die Kern-Hülle-Modelle.

4 Zeichne Atommodelle von Magnesiumatomen, Sauerstoffatomen und Heliumatomen.

weiter gedacht

1 Der gelbe Glanz des Goldes gab ihm seinen Namen. Lateinisch heißt es Aurum, das Glänzende, sein Symbol ist Au. Die Titanen, der Sage nach riesenhafte Wesen der Urzeit und die Kinder von Himmel und Erde, gaben dem Metall Titan seinen Namen. Caesium oder Rubidium zeigen charakteristische Flammenfärbungen, aus denen sich ihre lateinischen Namen ableiten.
Recherchiere die Ursprünge der Namen weiterer Elemente. Welche Elemente sind nach Nobelpreisträgern benannt?

2 Altmetalle bezeichnen wir häufig geringschätzig als Schrott. Dabei sind Getränkedosen, Karosserien und die Metalle aus Batterien wertvolle Rohstoffe. Informiere dich über die Sortierung von Metallschrott. Entwirf eine Recyclinganlage zur Trennung von Aluminium von anderen Metallen. Welche unterschiedlichen Eigenschaften der verschiedenen Metalle können zu ihrer Trennung genutzt werden? Stelle den Entwurf deiner Anlage der Klasse vor.

1 Metallschrott

3 Gold und andere Edelmetalle werden an den Börsen gehandelt. Der Preis ändert sich ständig und wird vom Welthandel bestimmt. Informiere dich im Börsenteil einer Tageszeitung über den aktuellen Preis eines Goldbarrens. Der Sarkophag des TUTANCHAMUN (14. Jh. v. Chr.) ist aus reinem Gold gefertigt. Er wiegt 1128,5 kg. Wie hoch wäre heute der reine Goldwert?

4 Früher war zu Silvester das Bleigießen ein beliebter Brauch. Warum wurde dazu Blei und nicht ein anderes Metall, z. B. Kupfer oder Eisen, verwendet? Heute gießt man anstelle von Blei das ungiftige Zinn. Bestimme die Wärmekapazität von Zinn, Kupfer und Eisen. Plane dazu ein geeignetes Experiment und führe es nach Rücksprache mit deiner Lehrerin bzw. deinem Lehrer durch. Vergleiche deine Messergebnisse mit den Angaben in Tabellenwerken.

5 Formgedächtnislegierungen nehmen nach einer Verformung ihre ursprüngliche Gestalt wieder an. Die so genannten Memory-Metalle haben ein „Gedächtnis“ ihrer Form, die sie auch nach dem Verbiegen behalten. Recherchiere mögliche Anwendungen in der Medizin und in der Weltraumtechnik.

6 Mit dem Anfang der 80er Jahre des letzten Jahrhunderts von Gerd Binnig und Heinrich Rohrer entwickelten Raster-Tunnelelektronenmikroskop kann der atomare Aufbau der Oberfläche von Metallen genau untersucht werden. Ein Lego-Modell, ausgestellt im Deutschen Museum Bonn, veranschaulicht die Funktionsweise des Mikroskops, das einzelne Atome „sehen“ kann. Informiere dich über das Verfahren und stelle es in der Klasse vor.

3 Lego-Modell eines Raster-Tunnelelektronenmikroskops

2 Sarkophag des TUTANCHAMUN, ägyptischer Pharao im 14. Jh. v. Chr.

Auf einen Blick

Metalle

Metalle sind Stoffe, die Wärme und den elektrischen Strom gut leiten. Sie lassen sich verformen und zeigen einen für Metalle typischen Glanz. Metalle bilden aufgrund ihrer charakteristischen Eigenschaften eine eigene Stoffgruppe.

Metalllegierungen

Homogene Stoffgemische aus verschiedenen Metallen. Legierungen unterscheiden sich in ihren Eigenschaften von den reinen Metallen, aus denen sie hergestellt wurden.

Chemisches Element

Atomsorte, deren Atome eine bestimmte gleiche Anzahl elektrisch positiv geladener Protonen im Atomkern enthalten

---

Chemisches Symbol

International einheitliches chemisches Zeichen, das ein Element oder ein Atom dieses Elements kennzeichnet

---

Kern-Hülle-Modell

Modellvorstellung vom Atom. Danach bestehen Atome aus einem Atomkern und einer Atomhülle. Im Atomkern befinden sich elektrisch positiv geladene Protonen. In der Atomhülle befinden sich elektrisch negativ geladene Elektronen. Atome sind elektrisch neutral, da die Anzahl der Protonen im Kern und die Anzahl der Elektronen in der Hülle übereinstimmen.

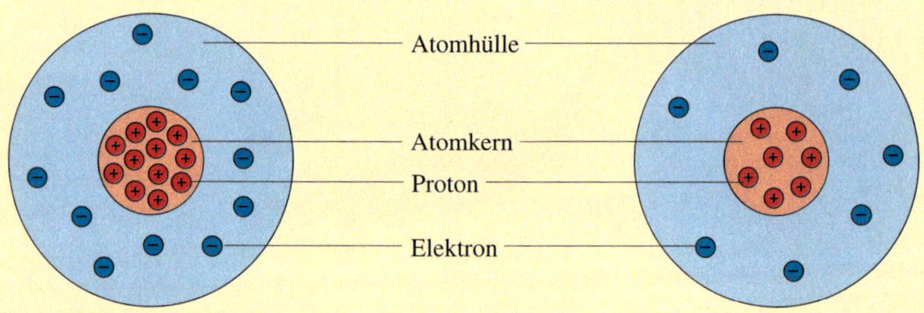

Modell eines Magnesiumatoms

Modell eines Stickstoffatoms

Atommasse

Die Masse eines Atoms ist unvorstellbar klein. Deshalb wird die Atommasse in der atomaren Masseneinheit unit (u) angegeben. 1 u entspricht ungefähr der Masse eines Wasserstoffatoms.

Periodensystem der Elemente (PSE)

Im Periodensystem der Elemente sind die Elemente nach steigender Ordnungszahl angeordnet. Die Ordnungszahl eines Elements entspricht der Anzahl der Protonen im Kern eines Atoms dieses Elements.

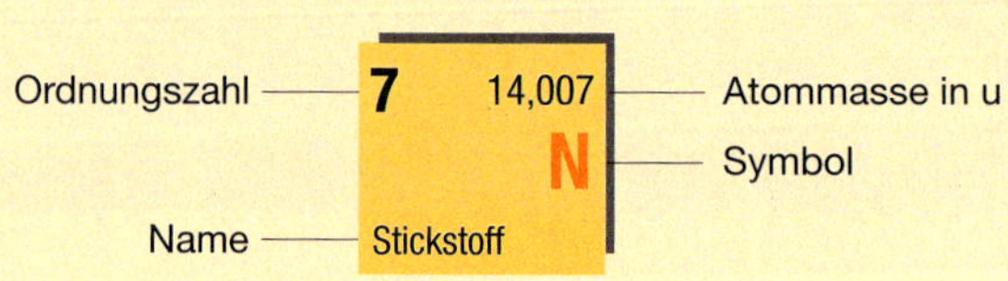

Zeichensprache und quantitative Betrachtungen

Medikamente werden durch komplizierte chemische Reaktionen hergestellt. Dabei müssen die Reaktionspartner in genau bestimmten Verhältnissen miteinander reagieren.
Mögliche Abweichungen können zu falschen Zusammensetzungen führen und schwere gesundheitliche Schäden zur Folge haben.

→ Wie lassen sich die erforderlichen Massen der Ausgangsstoffe für eine chemische Reaktion ermitteln?

→ Gibt es Beziehungen zwischen den Massen der Stoffe, die an einer chemischen Reaktion beteiligt sind?

Moleküle

Bei der Fahrt eines Zuges wird die Luft leicht verdrängt, die stählernen Schienen werden dagegen trotz der Masse des Zuges nicht verformt.
Lässt sich der geringere Widerstand der Luft mit dem Aufbau der in ihr enthaltenen Stoffe erklären?

1

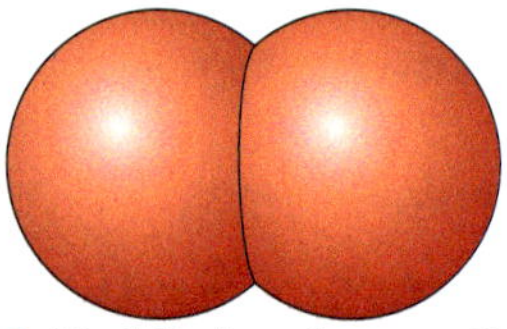

2 Modell eines Sauerstoffmoleküls

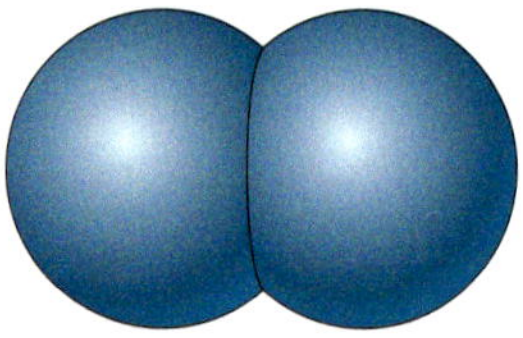

3 Modell eines Stickstoffmoleküls

Bau von Sauerstoff und Stickstoff Sauerstoff und Stickstoff sind Nichtmetalle. Als Gase nehmen sie im Gegensatz zu den festen Metallen jeden ihnen zur Verfügung stehenden Raum ein. Dieser Unterschied lässt sich durch die andere Art der Teilchenanordnung erklären. Es ist bereits bekannt, dass sich Metalle aus riesigen Teilchenverbänden von Metallatomen zusammensetzen. Dagegen bestehen Sauerstoff und Stickstoff aus frei beweglichen Teilchen, in denen immer zwei Sauerstoffatome bzw. zwei Stickstoffatome fest miteinander verbunden sind. Solche Teilchen von zwei oder mehreren fest miteinander verbundenen Atomen werden **Moleküle** genannt.
Nach dem Teilchenmodell, in dem wir uns die Atome als Kugeln vorstellen, können wir uns ein Sauerstoff- bzw. ein Stickstoffmolekül als „aneinander klebende“ Kugeln denken.
In Stoffen, die aus Molekülen aufgebaut sind, bestehen zwischen den Molekülen oft nur geringe Anziehungskräfte, sodass viele dieser Stoffe bei Raumtemperatur Gase sind. Ziehen sich die Moleküle jedoch stärker an, so liegen flüssige Stoffe vor. Bei sehr starken Anziehungskräften sind die Stoffe fest.

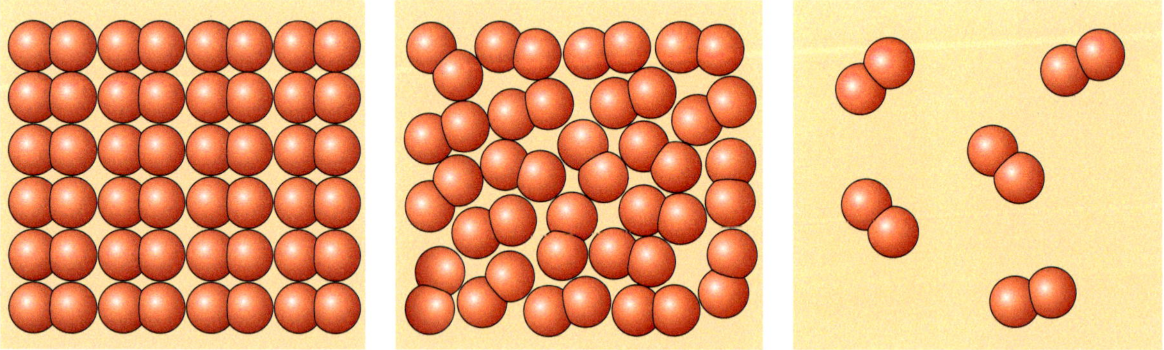

4 Die Moleküle bleiben auch bei einer Änderung des Aggregatzustands erhalten.

Auch bei einer Veränderung des Aggregatzustands dieser Stoffe bleiben die Moleküle als Teilchen unverändert. Nur der Abstand der Moleküle untereinander und ihre Beweglichkeit verändern sich.

Moleküle sind Teilchen, die aus zwei oder mehr fest miteinander verbundenen Atomen zusammengesetzt sind.

Formeln als chemische Zeichen Ein Element wird durch sein Symbol gekennzeichnet, z. B. Sauerstoff mit einem O, abgeleitet aus seiner lateinischen Bezeichnung **o**xygenium, und Stickstoff mit einem N, abgeleitet aus seiner lateinischen Bezeichnung **n**itrogenium.
Beides sind Stoffe, die aus zweiatomigen Molekülen aufgebaut sind. Die Anzahl der zu einem Molekül vereinigten Atome wird als tiefgestellte Zahl (Index) nach dem Symbol angegeben: O_2 bzw. N_2. Diese Zusammensetzung aus Symbol und Index wird als **Formel** bezeichnet. Die Formel kennzeichnet einen Stoff oder ein Molekül dieses Stoffes. Aus der Formel lässt sich die Zusammensetzung des Moleküls ablesen.

Für einen aus Molekülen aufgebauten Stoff kennzeichnet die chemische Formel den Stoff, ein Molekül des Stoffes und dessen Zusammensetzung.

Bau von Stoffen Zur Erklärung von Stoffeigenschaften benötigt man nicht nur Kenntnisse über die Art der Teilchen. Auch die Anordnung der Teilchen im Stoff hat einen Einfluss auf die Stoffeigenschaften.

Möglichkeiten der Anordnung von Atomen

Art der Anordnung	Modell	Beispiele
einzelne isolierte Atome	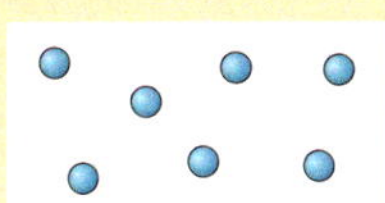	Edelgase
Moleküle	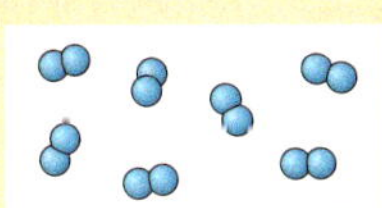	Sauerstoff, Stickstoff, Wasserstoff
Atomverband	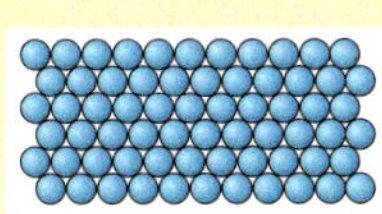	Metalle

Schon gewusst?

JÖNS J. BERZELIUS (1779 bis 1848) führte die heute verwendete chemische Zeichensprache ein. Die Anzahl der Atome gab er allerdings als hochgestellte Zahl an, z. B. O^2 für Sauerstoff oder H^2 für Wasserstoff. ↑S.35

Schon gewusst?

Unter bestimmten Bedingungen können sich auch drei Atome Sauerstoff zu einem Molekül vereinigen. Bei diesem so aufgebauten reaktionsfähigen, gasförmigen Stoff handelt es sich um Ozon. Ozon hat jedoch aufgrund seines Baus auch andere Eigenschaften als Sauerstoff, z. B. ist es sehr giftig.

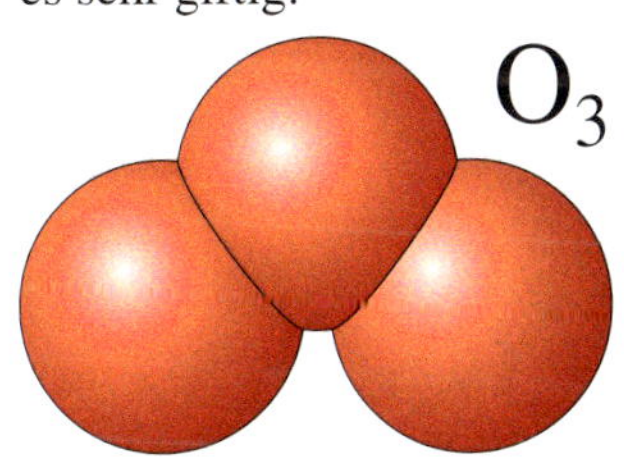

5 Modell und Formel eines Ozonmoleküls

Aufgaben

1 Welche Aussagen lassen sich aus einem chemischen Symbol und einer chemischen Formel ableiten?

2 Das bei Raumtemperatur flüssige Brom, ein aus Molekülen aufgebauter Stoff, hat die Formel Br_2. Nenne die Formeln für Brom im festen und im gasförmigen Aggregatzustand. Begründe.

3 Kann eine Formel auch $X_{2,5}$ lauten? Begründe.

4 Erläutere an einem Beispiel die Unterschiede zwischen einem Atom und einem Molekül.

5 Stickstoff ist bei Raumtemperatur gasförmig, Gold dagegen fest. Erkläre diesen Unterschied mithilfe des Baus der Stoffe.

Einige Oxide

Fast alle Elemente kommen in der Natur gebunden in Form von Oxiden vor. Eisenoxide sind Produkte des Verrostens, z. B. deines Fahrrads. Eisenoxide aus der Erde dienen aber der Herstellung von Eisen und Stahl. Das Oxid des Wasserstoffs – das Wasser – ist eine wichtige Grundlage für das Leben auf der Erde.
Welche weitere Bedeutung haben Oxide? Welchen Bau besitzen sie?

1 Rotes Eisenoxid, schwarzes Kupferoxid und weißes Zinkoxid

Schon gewusst?

Die älteste nachgewiesene Verwendung von Metalloxiden ist die Nutzung als so genannte Erdfarben.
Fast 10 000 Jahre alt sind die Abdrücke der Hände in der Cueva de las Manos, der Höhle der Hände, in Patagonien (Argentinien).

2 Cueva de las Manos

Bedeutung wichtiger Oxide Im Mittelalter nannte man die heute als Oxide bezeichneten chemischen Verbindungen „Erden“. Das bezog sich jedoch im Wesentlichen auf Metalloxide, da sie in der Erdkruste vorkommen, also in der Erde gefunden wurden. Aus den Vorkommen ersieht man, dass die meisten Metalloxide fest sind, während die meisten Nichtmetalloxide Gase sind.
Reine Metalloxide sind feste, kristalline Stoffe. Farbige Metalloxide, z. B. Eisenoxide, dienen als Farbpigmente zur Herstellung von Malerfarben. Metalloxide mit sehr hoher Schmelztemperatur, z. B. Magnesiumoxid, werden für feuerfeste Ausmauerungen in Öfen oder im Hitzeschild von Weltraumfähren eingesetzt. Zinkoxid, Magnesiumoxid und Aluminiumoxid werden als Puder oder Salbengrundlage in der Medizin genutzt. Auch Mittel gegen Sodbrennen können solche Oxide enthalten. Calciumoxid im Gemisch mit Wasser und Sand dient im Bauwesen als Mörtel z. B. zum Mauern und Verputzen von Wänden.
Viele Nichtmetalloxide dienen der Herstellung wichtiger Stoffe, wie Farbstoffe, Waschmittel, Kunststoffe, Düngemittel, Arzneimittel.

Bau von Oxiden Nichtmetalloxide sind aus Molekülen aufgebaut. Stoffportionen von Nichtmetalloxiden bestehen aus einer unvorstellbar großen Anzahl von Molekülen. So enthalten 10 ml Wasser etwa $3{,}3 \cdot 10^{23}$ Wassermoleküle. Jedes einzelne Wassermolekül besteht wiederum aus einem Sauerstoffatom, das mit zwei Wasserstoffatomen verbunden ist. Stoffe, die wie Wasser aus Molekülen aufgebaut sind, bezeichnet man als **Molekülverbindungen**.
Metalloxide sind feste Stoffe. Sie sind nicht aus Molekülen aufgebaut. In Metalloxiden sind Metallteilchen und Sauerstoffteilchen fest miteinander verbunden. Diese Teilchen sind in großen Verbänden regelmäßig angeordnet. So sind in 10 g Calciumoxid etwa $1{,}1 \cdot 10^{23}$ Calciumteilchen und etwa $1{,}1 \cdot 10^{23}$ Sauerstoffteilchen miteinander verbunden.

Die kleinstmögliche Anzahl von miteinander verbundenen Metall- und Sauerstoffteilchen wird als **Baueinheit** bezeichnet. Bei Calciumoxid liegen Calcium- und Sauerstoffteilchen im Verhältnis 1 : 1 vor. Die Baueinheit besteht also jeweils aus einem Calciumteilchen und einem Sauerstoffteilchen. Eine Baueinheit Natriumoxid besteht dagegen aus jeweils zwei Natrium- und einem Sauerstoffteilchen.

Formeln von Oxiden Auch für Oxide werden Formeln als chemische Zeichen verwendet.
Die Formeln von Nichtmetalloxiden ergeben sich aus der Zusammensetzung der Moleküle. Wasser hat die Formel H_2O. Das bedeutet, in einem Wassermolekül ist ein Atom Sauerstoff mit zwei Atomen Wasserstoff verbunden. In einer Formel wird die Anzahl der Atome in einem Molekül mit einer tiefgestellten Zahl hinter dem Symbol des jeweiligen Atoms angegeben. Ist nur ein Atom eines Elements vorhanden, wird auf die Angabe der Zahl verzichtet. Formeln für Moleküle werden auch als **Molekülformeln** bezeichnet.

H_2O In einem Molekül ist ein Sauerstoffatom mit zwei Atomen Wasserstoff verbunden.
N_2O_3 In einem Molekül sind zwei Stickstoffatome mit drei Atomen Sauerstoff verbunden.

Die Formel von Metalloxiden gibt das kleinstmögliche Zahlenverhältnis der im Metalloxid verbundenen Metall- und Sauerstoffteilchen in den jeweiligen Teilchenverbänden an. Man sagt, die Formel kennzeichnet die Baueinheit. Auch hier wird die Anzahl der Teilchen in der Formel als tiefgestellte Zahl hinter dem jeweiligen Symbol des Elements angegeben. Formeln, die eine Baueinheit kennzeichnen, werden auch als **Verhältnisformeln** bezeichnet.

MgO Im Magnesiumoxid ist das Zahlenverhältnis Magnesiumteilchen zu Sauerstoffteilchen = 1 : 1.
Al_2O_3 Im Aluminiumoxid ist das Zahlenverhältnis Aluminiumteilchen zu Sauerstoffteilchen = 2 : 3.

Wie für alle Verbindungen werden auch für Oxide Formeln als chemische Zeichen verwendet. Die Formeln kennzeichnen jeweils den Stoff und
- **bei Nichtmetalloxiden ein Molekül und dessen Zusammensetzung,**
- **bei Metalloxiden eine Baueinheit und deren Zusammensetzung.**

Einige Oxide

Name	Formel
Kohlenstoffdioxid	CO_2
Natriumoxid	Na_2O
Schwefeldioxid	SO_2
schwarzes Eisenoxid	FeO
rotbraunes Eisenoxid	Fe_2O_3
Aluminiumoxid	Al_2O_3
Kohlenstoffmonooxid	CO
Distickstoffmonooxid	N_2O
Magnesiumoxid	MgO
Calciumoxid	CaO

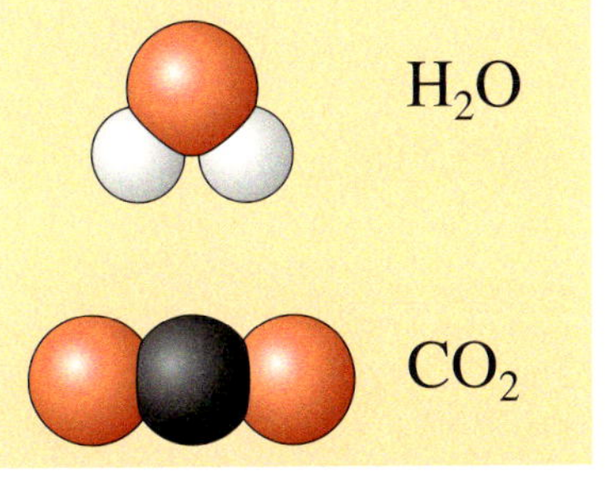

3 Molekülmodelle und Formeln von Nichtmetalloxiden

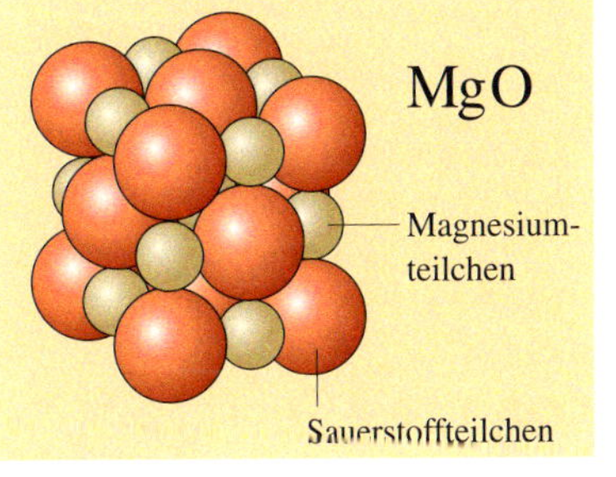

4 Modell und Formel von Magnesiumoxid

Aufgaben

1 Beschreibe den Bau von Nichtmetall- und Metalloxiden.

2 Informiere dich über Verwendung und Bedeutung folgender Oxide: Magnesiumoxid, Stickstoffoxide, Eisenoxide, Phosphoroxide. Ordne die Oxide den verschiedenen Oxidgruppen zu.

3 Gib die Bedeutung folgender Formeln an: CaO, CO, Fe_2O_3, NO_2, SO_3, TiO_2.

4 Leite aus den Namen die Formeln ab für: Stickstoffmonooxid, Calciumoxid, Dichlortrioxid und Diphosphorpentaoxid.

5 Vergleiche Bau und Eigenschaften von Nichtmetall- und Metalloxiden.

Von der chemischen Reaktion zur Reaktionsgleichung

Calciumspäne entzünden sich beim Erhitzen an der Luft. Calcium und Sauerstoff reagieren dabei zu Calciumoxid.
Welcher Stoff- und Teilchenumsatz liegt dieser chemischen Reaktion zugrunde?

1 Brennende Calciumspäne auf einem Eisenblech

Von der chemischen Reaktion zur Reaktionsgleichung

Chemische Reaktion:
Verbrennen von Kohlenstoff

Stoffliche Deutung:
Kohlenstoff und Sauerstoff reagieren zu Kohlenstoffdioxid.

Teilchenmäßige Deutung:
Je 1 Atom Kohlenstoff und 1 Molekül Sauerstoff reagieren zu 1 Molekül Kohlenstoffdioxid.

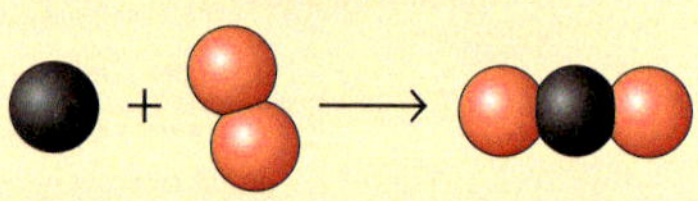

Bilanz der Teilchen der Elemente:
Die Anzahl der Kohlenstoffatome im Ausgangsstoff Kohlenstoff ist gleich der Anzahl der Kohlenstoffatome im Reaktionsprodukt Kohlenstoffdioxid. Die Anzahl der Sauerstoffatome im Ausgangsstoff Sauerstoff ist gleich der Anzahl der Sauerstoffatome im Reaktionsprodukt Kohlenstoffdioxid.

Reaktionsgleichung:
$C\ (s) + O_2\ (g) \longrightarrow CO_2\ (g)$

Stoff- und Teilchenumsatz bei chemischen Reaktionen Für die chemische Reaktion von Calcium mit Sauerstoff lässt sich eine Wortgleichung formulieren.

Calcium (s) + Sauerstoff (g) ⟶ Calciumoxid (s) | exotherm

Bei der chemischen Reaktion ordnen sich die Teilchen der Ausgangsstoffe Calcium und Sauerstoff um und verändern sich. Es bilden sich die Teilchen im Reaktionsprodukt Calciumoxid.

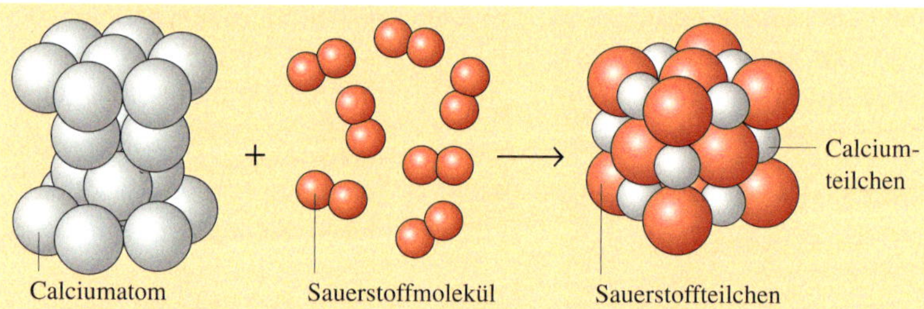

2 Teilchenmodell der Reaktion von Calcium und Sauerstoff

Die Reaktionsgleichung Die Stoffe und die Teilchen eines Stoffes können durch Formeln und Symbole gekennzeichnet werden. Ca ist das Symbol für Calcium, O_2 und CaO sind die Formeln für Sauerstoff und Calciumoxid. Solche Formeln kannst du z. B. einem Tabellenwerk entnehmen. Die kleinstmögliche Teilchenanzahl der miteinander reagierenden Stoffe wird als Faktor vor die jeweilige Formel oder das jeweilige Symbol geschrieben.

$2\ Ca\ (s) + O_2\ (g) \longrightarrow 2\ CaO\ (s)$

Diese Darstellung einer chemischen Reaktion wird als **Reaktionsgleichung** bezeichnet.

Reaktionsgleichung		$2\,Ca\,(s)\ +O_2\,(g)\ \longrightarrow 2\,CaO\,(s)$
Wortgleichungen in der Landessprache	deutsch	Calcium + Sauerstoff ⟶ Calciumoxid
	englisch	calcium + oxygen ⟶ calcium oxide
	russisch	кальций + кислород ⟶ оксид кальция

Regeln für das Ermitteln der Faktoren in Reaktionsgleichungen

Die Anzahl der Atome eines Elements und/oder Teilchen eines Elements im Teilchenverband muss bei den Ausgangsstoffen und bei den Reaktionsprodukten gleich sein.

Ist das nicht der Fall, müssen entsprechende Faktoren vor die jeweiligen chemischen Zeichen der Stoffe geschrieben werden.

Die chemischen Zeichen (Symbole, Formeln) der Stoffe dürfen dabei nicht verändert werden.

Aussagen aus einer Reaktionsgleichung Eine Reaktionsgleichung gibt an, welche und wie viele Teilchen der Ausgangsstoffe bei einer chemischen Reaktion miteinander reagieren und welche und wie viele Teilchen der Reaktionsprodukte dabei entstehen. Aus einer Reaktionsgleichung sind aber nicht die Eigenschaften der reagierenden Stoffe und auch nicht die für die Reaktion erforderlichen Bedingungen ableitbar. Reaktionsgleichungen sind im Gegensatz zu Wortgleichungen international verständlich und deshalb ein wichtiges Arbeits- und Verständigungsmittel in der Naturwissenschaft Chemie.

Eine Reaktionsgleichung beschreibt eine chemische Reaktion mithilfe chemischer Zeichen. Sie kennzeichnet die an einer chemischen Reaktion beteiligten Stoffe, die Teilchen der Stoffe und das Zahlenverhältnis, in dem die Teilchen reagieren.

Entwickeln von Reaktionsgleichungen Beim Entwickeln von Reaktionsgleichungen hat es sich bewährt, nach einer bestimmten Schrittfolge vorzugehen.

Schrittfolge beim Entwickeln einer Reaktionsgleichung			
1. Formulieren der Wortgleichung	Calcium	+ Sauerstoff	⟶ Calciumoxid
2. Einsetzen der chemischen Zeichen	Ca	O_2	CaO
3. Ermitteln der Faktoren	2 Ca	1 O_2	2 CaO
4. Überprüfen der Anzahl der Atome jedes Elements im Teilchenverband in den Ausgangsstoffen und Reaktionsprodukten		Ausgangsstoffe	Reaktionsprodukte
	Calcium:	$2 \cdot 1$	$= 2 \cdot 1$
	Sauerstoff:	$1 \cdot 2$	$= 2 \cdot 1$
5. Reaktionsgleichung	2 Ca (s)	+ O_2 (g)	⟶ 2 CaO (s)

Aufgaben

1 Deute die folgenden Reaktionsgleichungen stofflich und teilchenmäßig.

a $2\,Mg + O_2 \longrightarrow 2\,MgO$

b $4\,Na + O_2 \longrightarrow 2\,Na_2O$

c $4\,Fe + 3\,O_2 \longrightarrow 2\,Fe_2O_3$

2 Bei einer chemischen Reaktion entstehen aus einer Million Schwefelatomen und einer Million Sauerstoffmolekülen eine Million Schwefeldioxidmoleküle. Prüfe die Richtigkeit der Aussage.

3 Begründe, warum Reaktionsgleichungen internationale Arbeits- und Verständigungsmittel sind.

4 Ermittle die fehlenden Faktoren und kontrolliere die Übereinstimmung der Teilchenanzahlen der einzelnen Elemente.

a $\ldots\,Al + 3\,O_2 \longrightarrow \ldots\,Al_2O_3$

b $\ldots\,Ag + O_2 \longrightarrow \ldots\,Ag_2O$

c $\ldots\,Fe + O_2 \longrightarrow \ldots\,FeO$

5 Entwickle schrittweise die Reaktionsgleichungen für die chemische Reaktion von Kalium mit Sauerstoff und für die Bildung von rotbraunem Kupferoxid Cu_2O. Interpretiere die Reaktionsgleichungen.

Masse und Stoffmenge

Wer zu Hause einen Kuchen backen möchte, muss die vorgegebenen Massen- und Volumenangaben für die Zutaten wie Mehl, Butter, Zucker, Milch oder Wasser genau beachten. Ansonsten kann es geschehen, dass man spätestens beim Essen des Kuchens eine große Enttäuschung erlebt.
Wie aber ist es bei chemischen Reaktionen? Kann es auch hier passieren, dass von den Ausgangsstoffen zu wenig oder zu viel vorhanden ist?

1

Massenverhältnisse der Elemente in einigen Verbindungen

Kohlenstoffdioxid (CO_2)
$m(C):m(O)=3\,g:8\,g$

Magnesiumsulfid (MgS)
$m(Mg):m(S)=3\,g:4\,g$

Wasser (H_2O)
$m(H):m(O)=1\,g:8\,g$

Die richtigen Massenverhältnisse entscheiden über den Erfolg Im Experiment 1 werden die Massenverhältnisse bei der Reaktion von Eisen und Schwefel ermittelt. Werden 7 g Eisen und 4 g Schwefel zur Reaktion gebracht, entstehen entsprechend der Erwartung 11 g Eisensulfid. Werden 7 g Eisen und 7 g Schwefel als Ausgangsstoffe eingesetzt, kann vermutet werden, dass sich 14 g Eisensulfid bilden. Das Experiment zeigt aber, dass auch bei dieser Reaktion nur eine Masse von 11 g Eisensulfid erhalten wird. Vermutlich reagieren die 7 g Eisen auch hier nur mit 4 g Schwefel. Werden mehr als 4 g Schwefel zu 7 g Eisen gegeben, reagiert der überschüssige Schwefel offensichtlich nicht zu Eisensulfid.
Dies lässt vermuten, dass die Ausgangsstoffe nur in ganz bestimmten Massenverhältnissen miteinander reagieren können.

Selbst untersucht

1 Vergleiche die Massen bei der chemischen Reaktion von Eisen und Schwefel.
Abzug! Mische im Mörser sorgfältig Eisen- und Schwefelpulver in zwei verschiedenen Zusammensetzungen (Gemisch A: 7 g Eisen und 4 g Schwefel; Gemisch B: 7 g Eisen und 7 g Schwefel). Gib jedes Gemisch in ein Reagenzglas, dessen Masse vorher bestimmt wurde. Erhitze jedes Glas bis zum Aufglühen des Gemisches. Erhitze anschließend jedes Glas noch etwa 2 min sehr stark. Wiege jedes Glas nach dem Abkühlen. Bei der durchgeführten Reaktion entsteht Eisensulfid. Formuliere Vermutungen über die entstandene Masse an Eisensulfid in beiden Gläsern. Berechne jeweils die Masse des Reaktionsprodukts in beiden Gläsern. Vergleiche sie mit deinen Vermutungen. Deute die Ergebnisse.
Entsorgung: Feststoffe in den Sammelbehälter für Hausmüll geben.

Gesetz der konstanten Massenverhältnisse Bei chemischen Reaktionen können die Stoffe nicht in einem beliebigen Massenverhältnis reagieren. Werden zu 7 g Eisen mehr als 4 g Schwefel gegeben, reagiert der zu viel zugesetzte Schwefel nicht mit dem Eisen. Er verdampft durch das weitere starke Erhitzen und entweicht. Die Elemente Eisen und Schwefel weisen im Eisensulfid ein konstantes Massenverhältnis auf. Deshalb reagieren die Elemente auch nur in einem bestimmten konstanten Massenverhältnis miteinander. Bei Eisen und Schwefel ist das Verhältnis

$m(\mathrm{Fe}) : m(\mathrm{S}) = 7\,\mathrm{g} : 4\,\mathrm{g}$.

Das Beispiel zeigt eine Gesetzmäßigkeit, die für alle chemischen Verbindungen gilt und im **Gesetz der konstanten Massenverhältnisse** formuliert ist.

Gesetz der konstanten Massenverhältnisse: In jeder chemischen Verbindung haben die Elemente ein bestimmtes konstantes Massenverhältnis.

Teilchenanzahl und Stoffmenge Aus der Reaktionsgleichung für die Synthese von Eisensulfid

$\mathrm{Fe(s)} + \mathrm{S(s)} \longrightarrow \mathrm{FeS(s)}\,|\,\mathrm{exotherm}$

lässt sich ableiten, dass jeweils ein Atom Eisen und ein Atom Schwefel zu einer Baueinheit Eisensulfid reagieren. Stoffportionen bestehen aber aus einer unvorstellbar großen Anzahl Teilchen. ↑2, 3
Um mit so großen Teilchenanzahlen sinnvoll arbeiten zu können, wurde 1971 dafür eine neue Basisgröße eingeführt, die **Stoffmenge *n***. Die Einheit für die Stoffmenge ist das **Mol**, das Zeichen für die Einheit **mol**. Ein Mol eines Stoffes ist durch die Teilchenanzahl festgelegt. Es besteht aus so vielen Teilchen, wie in 12 g Kohlenstoff enthalten sind.
Durch experimentelle Untersuchungen kann diese Anzahl bestimmt werden. Es sind rund $6 \cdot 10^{23}$ Teilchen. Die genaue Teilchenanzahl ergibt sich aus dem Wert der **Avogadro-Konstante N_A**.
Die Stoffmenge ist eine physikalische Größe für alle Teilchenarten. Das können z. B. Atome oder Moleküle, aber auch Protonen oder Elektronen sein. Deshalb muss hinter dem Formelzeichen n immer das chemische Zeichen für die Teilchenart angegeben werden.

Die Stoffmenge n(Stoffportion) = 1 mol gibt an, dass diese Stoffportion aus etwa $6 \cdot 10^{23}$ gleichartigen Teilchen besteht.

Zusammenhang zwischen Teilchenanzahl N und Stoffmenge n einer Stoffportion

$N = N_A \cdot n$

Aufgabe: Die Stoffmenge eines Stücks Eisen beträgt $n(\mathrm{Fe}) = 1{,}5\,\mathrm{mol}$.
Wie groß ist die Anzahl der Atome $N(\mathrm{Fe})$?

$N(\mathrm{Fe}) = N_A \cdot n(\mathrm{Fe})$
$N(\mathrm{Fe}) = 6 \cdot 10^{23}\,\mathrm{mol^{-1}} \cdot 1{,}5\,\mathrm{mol}$
$N(\mathrm{Fe}) = 9 \cdot 10^{23}$
In dem Stück Eisen sind $9 \cdot 10^{23}$ Eisenatome enthalten.

2 7 g Eisen bestehen aus $0{,}75 \cdot 10^{23}$ Eisenatomen.

3 4 g Schwefel bestehen aus $0{,}75 \cdot 10^{23}$ Schwefelatomen.

Avogadro-Konstante N_A

$N_A = 6 \cdot 10^{23}\,\mathrm{mol^{-1}}$

Aufgaben

1 Die Teilchenanzahl folgender Stoffportionen beträgt
a $N(\mathrm{Mg}) = 12 \cdot 10^{23}$,
b $N(\mathrm{Cl_2}) = 1{,}5 \cdot 10^{23}$,
c $N(\mathrm{SO_2}) = 4{,}5 \cdot 10^{21}$.
Berechne jeweils die Stoffmenge.

2 Die Stoffmenge folgender Stoffportionen beträgt
a $n(\mathrm{H_2O}) = 3\,\mathrm{mol}$,
b $n(\mathrm{C}) = 0{,}02\,\mathrm{mol}$,
c $n(\mathrm{O_2}) = 4{,}25\,\mathrm{mol}$.
Berechne die Anzahl der Teilchen in den Stoffportionen.

Die molare Masse

Das Bild zeigt Stoffportionen verschiedener Stoffe. Alle haben verschiedene Massen. Aber jede Stoffportion besteht aus der gleichen Anzahl von Teilchen, da die Stoffmenge $n = 1$ mol beträgt. Gibt es einen Zusammenhang zwischen der Masse m und der Stoffmenge n von Stoffportionen?

1 Verschiedene Stoffportionen mit $n = 1$ mol

Molare Masse einiger Stoffe	
Stoff	Molare Masse M in g/mol
Eisen	56
Eisensulfid	88
Kohlenstoffdioxid	44
Magnesiumsulfid	56
Sauerstoff	32
Schwefeldioxid	64
Stickstoff	28
Wasser	18

Berechnung der molaren Masse von Kohlenstoff

$M(C) = m(1\ \text{Kohlenstoffatom}) \cdot N_A$
$= 1{,}994 \cdot 10^{-23}\ \text{g} \cdot 6{,}022\,1367 \cdot 10^{23}\ \text{mol}^{-1}$
$= 12\ \text{g/mol}$

Berechnung der molaren Masse von Wasser mithilfe der Atommasse in u

Gesucht: $M(H_2O)$

Gegeben:
m(1 Wasserstoffatom) = 1 u (↑PSE)
m(1 Sauerstoffatom) = 16 u (↑PSE)

Lösung:
$M(H_2O) = 2 \cdot 1\ \text{g/mol} + 1 \cdot 16\ \text{g/mol}$
$= 18\ \text{g/mol}$

Masse und Stoffmenge von Stoffportionen Wird die Masse einer Stoffportion, z. B. von Schwefel, verdoppelt bzw. halbiert, so verdoppelt bzw. halbiert sich auch deren Stoffmenge.

Massen und Stoffmengen für Stoffportionen des Stoffes Schwefel					
$m(S)$	8 g	16 g	32 g	48 g	64 g
$n(S)$	0,25 mol	0,5 mol	1 mol	1,5 mol	2 mol
$\frac{m(S)}{n(S)}$	32 g/mol	32 g/mol	32 g/mol	32 g/mol	32 g/mol

Aus der Wertetabelle ist ableitbar: Zwischen der Masse m und der Stoffmenge n einer Stoffportion besteht eine proportionale Zuordnung $m \sim n$.

Die molare Masse Der Proportionalitätsfaktor ergibt sich als Quotient zwischen Masse und Stoffmenge der Stoffportion. ↑Tabelle Dieser Quotient ist eine Konstante, die **molare Masse**. Das Zeichen für die molare Masse ist ***M***, die Einheit **g/mol**.

$$M(\text{Stoff}) = \frac{m(\text{Stoffportion})}{n(\text{Stoffportion})}$$

Die molare Masse eines Stoffes lässt sich auch mithilfe der Avogadro-Konstante N_A und der Atommasse in g ermitteln. ↑links Der Zahlenwert der molaren Masse in g/mol entspricht bei Elementen dem Zahlenwert der Atommasse in u. ↑S. 15 Die molare Masse einer Verbindung ist die Summe der molaren Massen der beteiligten Elemente. Sie kann mithilfe der Formel und des Periodensystems ermittelt werden. ↑links
Masse und Stoffmenge einer Stoffportion können einen beliebigen Wert besitzen. Die molare Masse ist dagegen von der Stoffportion unabhängig, sie kennzeichnet einen Stoff.

Die molare Masse eines Stoffes ist der Quotient aus der Masse einer Stoffportion und ihrer Stoffmenge. Die Einheit ist g/mol.

Beziehungen zwischen quantitativen Größen Zwischen den Größen Masse, Stoffmenge, molare Masse und Teilchenanzahl bestehen verschiedene Beziehungen. Sie sind in nebenstehender Übersicht dargestellt und können zum Berechnen der einzelnen Größen genutzt werden.
Ist die Stoffmenge einer Stoffportion bekannt, lässt sich deren Masse durch Umstellen der Definitionsgleichung der molaren Masse berechnen. Bei bekannter Masse einer Stoffportion lässt sich deren Stoffmenge berechnen. Bei bekannter Masse oder Stoffmenge einer Stoffportion kann mithilfe der Avogadro-Konstante die Anzahl der in der Stoffportion enthaltenen Teilchen berechnet werden.

Masse m – Stoffmenge n – molare Masse M – Teilchenanzahl N

$$\boldsymbol{m}(\text{Stoffportion}) = \boldsymbol{M}(\text{Stoff}) \cdot \boldsymbol{n}(\text{Stoffportion})$$

$$\boldsymbol{M}(\text{Stoff}) = \frac{\boldsymbol{m}(\text{Stoffportion})}{\boldsymbol{n}(\text{Stoffportion})}$$

$$\boldsymbol{n}(\text{Stoffportion}) = \frac{\boldsymbol{m}(\text{Stoffportion})}{\boldsymbol{M}(\text{Stoff})}$$

$$\boldsymbol{n}(\text{Stoffportion}) = \frac{\boldsymbol{N}(\text{Stoffportion})}{\boldsymbol{N}_A}$$

$$\boldsymbol{M}(\text{Stoff}) = \boldsymbol{m}(1 \text{ Atom des Stoffes}) \cdot \boldsymbol{N}_A$$

Aufgabe: Aluminium mit der Stoffmenge $n(\text{Al}) = 2\,\text{mol}$ wird für eine Synthese benötigt. Welche Masse an Aluminium muss abgewogen werden?

Gesucht: $m(\text{Al})$

Gegeben: $n(\text{Al}) = 2\,\text{mol}$
$M(\text{Al}) = 27\,\text{g/mol}$
(↑ Tabellenwerk)

Lösung: $M(\text{Al}) = \frac{m(\text{Al})}{n(\text{Al})}$

$m(\text{Al}) = M(\text{Al}) \cdot n(\text{Al})$
$m(\text{Al}) = 27\,\text{g/mol} \cdot 2\,\text{mol}$
$m(\text{Al}) = 54\,\text{g}$

Ergebnis: Für die Synthese von Aluminium der Stoffmenge $n(\text{Al}) = 2\,\text{mol}$, muss eine Masse $m(\text{Al}) = 54\,\text{g}$ abgewogen werden.

Aufgabe: Ein Turner reibt sich vor seiner Übung am Reck die Hände mit 4 g Magnesia (Magnesiumoxid) ein. Berechne die Stoffmenge dieser Stoffportion.

Gesucht: $n(\text{MgO})$

Gegeben: $m(\text{MgO}) = 4\,\text{g}$
$M(\text{MgO}) = 40\,\text{g/mol}$
(↑ Tabellenwerk)

Lösung: $n(\text{MgO}) = \frac{m(\text{MgO})}{M(\text{MgO})}$

$n(\text{MgO}) = \frac{4\,\text{g}}{40\,\text{g/mol}}$
$n(\text{MgO}) = 0{,}1\,\text{mol}$

Ergebnis: 4 g Magnesiumoxid entsprechen einer Stoffmenge $n(\text{MgO}) = 0{,}1\,\text{mol}$.

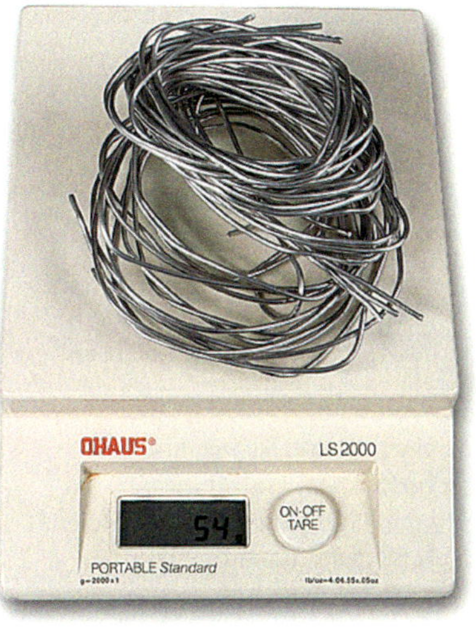

2 Ein Aluminiumdraht mit der Stoffmenge $n(\text{Al}) = 2\,\text{mol}$ hat eine Masse $m(\text{Al}) = 54\,\text{g}$.

Aufgaben

1 Ermittle mithilfe des Periodensystems der Elemente die molare Masse von Glucose ($C_6H_{12}O_6$).

2 Die Teilchenanzahl verschiedener Stoffportionen beträgt:
a $N(\text{He}) = 12 \cdot 10^{23}$,
b $N(\text{Cl}_2) = 1{,}5 \cdot 10^{23}$,
c $N(\text{CO}_2) = 18 \cdot 10^{23}$.
Berechne die jeweilige Masse und die jeweilige Stoffmenge der Stoffportion.

3 Berechne die Stoffmenge und die Anzahl der Moleküle in einer Sauerstoffportion mit $m(\text{O}_2) = 48\,\text{g}$.

4 Berechne die Stoffmenge, die in einer Stoffportion Eisen mit $m(\text{Fe}) = 84\,\text{g}$ enthalten ist.

5 Die Chemielehrerin einer Schule wird 60 Jahre alt. Die Schüler beschließen, ihr für jede Tausendstelsekunde ihres Lebens 1 Milliarde Goldatome zu schenken. Wie viel Geld müssen die Schüler bei einem Goldpreis von 10 Euro je Gramm sammeln?

Masseberechnungen bei chemischen Reaktionen

In der Wasserstoffbrennstoffzelle eines Busses reagiert Wasserstoff mit Sauerstoff zu Wasser. Die dabei frei werdende Energie wird z. B. zum Antrieb eines Busses genutzt.
Welche quantitativen Aussagen lassen sich aus der Reaktionsgleichung für die Reaktion von Wasserstoff mit Sauerstoff ableiten?

1 Brennstoffzellenbus mit Wasserstoffantrieb

Chemische Reaktion:
Verbrennen von Kohlenstoff

Reaktionsgleichung:
$C(s) + O_2(g) \longrightarrow CO_2(g)$
Kleinstmöglicher Teilchenumsatz:

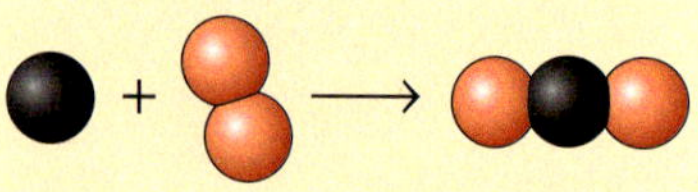

Quantitative Aussagen:
1 Atom Kohlenstoff reagiert mit 1 Molekül Sauerstoff zu 1 Molekül Kohlenstoffdioxid.
$6 \cdot 10^{23}$ Atome Kohlenstoff reagieren mit $6 \cdot 10^{23}$ Molekülen Sauerstoff zu $6 \cdot 10^{23}$ Molekülen Kohlenstoffdioxid.
1 mol Kohlenstoff reagiert mit 1 mol Sauerstoff zu 1 mol Kohlenstoffdioxid.

Quantitative Aussagen aus einer Reaktionsgleichung Aus der Reaktionsgleichung für die Reaktion von Wasserstoff mit Sauerstoff lassen sich folgende quantitativen Aussagen ableiten:

$2\,H_2(g)$	$+ O_2(g)$	$\longrightarrow 2\,H_2O(l)$
2 Moleküle Wasserstoff	+ 1 Molekül Sauerstoff	$\longrightarrow$ 2 Moleküle Wasser
$2 \cdot (6 \cdot 10^{23})$ Moleküle Wasserstoff	$+ 1 \cdot (6 \cdot 10^{23})$ Moleküle Sauerstoff	$\longrightarrow 2 \cdot (6 \cdot 10^{23})$ Moleküle Wasser
2 mol Wasserstoff	+ 1 mol Sauerstoff	$\longrightarrow$ 2 mol Wasser

Aus der Reaktionsgleichung können auch Aussagen über das Anzahlverhältnis der miteinander reagierenden Teilchen und das Stoffmengenverhältnis der miteinander reagierenden Stoffe abgeleitet werden.

Teilchenverhältnis	Stoffmengenverhältnis
$N(H_2) : N(O_2) = 2 : 1$	$n(H_2) : n(O_2) = 2 : 1$

Aus Reaktionsgleichungen lassen sich quantitative Aussagen über die kleinstmögliche Anzahl der reagierenden Teilchen, über die Stoffmengen aller Stoffe sowie über das Stoffmengenverhältnis der Stoffe untereinander ableiten.

Selbst untersucht

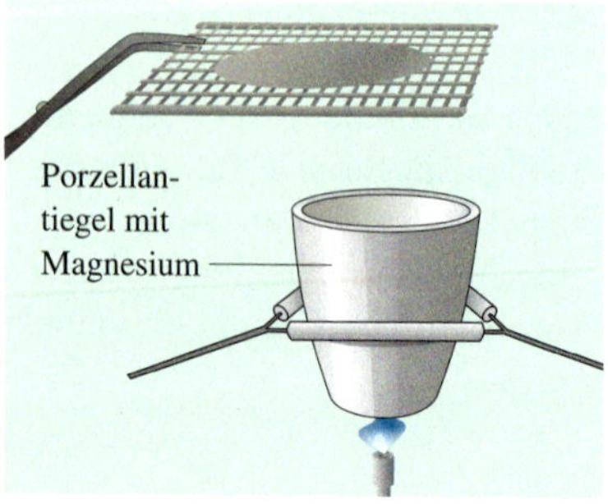

2 Ermittle die Masse Magnesiumoxid, die bei der Reaktion Magnesium mit dem Sauerstoff der Luft entsteht.

Achtung! Nicht in die Flammen sehen! Wiege Stoffproben von Magnesiumspänen (F) mit 0,25 g, 0,5 g, 0,75 g und 1 g in je einem Porzellantiegel ab. Erhitze jeden Tiegel so lange, bis das Magnesium brennt. Decke dann den Tiegel mit einem Drahtnetz zu. Wiege die Tiegel nach dem Erkalten wiederum.
Berechne jeweils das Massenverhältnis $m(Mg)$ zu $m(MgO)$. Vergleiche die Massenverhältnisse miteinander.
Entsorgung: Feste Stoffe in den Sammelbehälter für Hausmüll geben.

Berechnung der Massen von Reaktionspartnern Das Massenverhältnis reagierender Stoffe kann experimentell ermittelt werden. Bei der Verbrennung unterschiedlicher Massen von Magnesium zeigte sich, dass das Massenverhältnis immer nahezu gleich ist. ↑E.2 Damit könnte nun auch berechnet werden, welche Masse an Magnesium verbrannt werden müsste, um z. B. 50 g Magnesiumoxid zu erhalten. Die Ermittlung des Massenverhältnisses durch Vorversuche ist meist sehr aufwendig und ungenau. Da die Massenverhältnisse der Stoffe bei einer chemischen Reaktion konstant sind, lassen sich aber bei bekannter Reaktionsgleichung die Massen der einzelnen Stoffe aus den bekannten Größengleichungen berechnen.
Eine bewährte Schrittfolge zur Berechnung von Massen bei chemischen Reaktionen ist auf Seite 34 dargestellt.

Aufgabe: Berechne die Masse an Magnesium, die für die Synthese von 50 g Magnesiumoxid erforderlich ist.

Gesucht: $m(\mathrm{Mg})$

Gegeben: $m(\mathrm{MgO}) = 50\,\mathrm{g}$;
$M(\mathrm{MgO}) = 40\,\mathrm{g/mol}$; $M(\mathrm{Mg}) = 24\,\mathrm{g/mol}$ (↑Tabellenwerk)

Reaktionsgleichung: $2\,\mathrm{Mg(s)} + \mathrm{O_2(g)} \longrightarrow 2\,\mathrm{MgO(s)}$

daraus folgt: $n(\mathrm{Mg}) = 2\,\mathrm{mol}$; $n(\mathrm{MgO}) = 2\,\mathrm{mol}$

Lösung:
$$\frac{m(\mathrm{Mg})}{m(\mathrm{MgO})} = \frac{n(\mathrm{Mg}) \cdot M(\mathrm{Mg})}{n(\mathrm{MgO}) \cdot M(\mathrm{MgO})}$$

$$m(\mathrm{Mg}) = \frac{n(\mathrm{Mg}) \cdot M(\mathrm{Mg}) \cdot m(\mathrm{MgO})}{n(\mathrm{MgO}) \cdot M(\mathrm{MgO})}$$

$$m(\mathrm{Mg}) = \frac{2\,\mathrm{mol} \cdot 24\,\mathrm{g/mol} \cdot 50\,\mathrm{g}}{2\,\mathrm{mol} \cdot 40\,\mathrm{g/mol}} = 30\,\mathrm{g}$$

Ergebnis: Für die Synthese von 50 g Magnesiumoxid ist eine Masse von 30 g Magnesium erforderlich.

2 Reckturner pudern ihre Hände mit Magnesia (Magnesiumoxid) ein.

Aufgaben

1 Entwickle die Reaktionsgleichung für die Reaktion von Stickstoff mit Sauerstoff zu Stickstoffdioxid. Leite aus der Gleichung alle möglichen quantitativen Aussagen ab.

2 Berechne die Massenverhältnisse der Elemente in folgenden Verbindungen: Kohlenstoffdioxid, Diphosphorpentaoxid, Calciumoxid, Schwefeldioxid.

3 Berechne die Masse der Elemente, die zur Synthese von 83 g Magnesiumoxid benötigt werden.

4 Ein Heizkraftwerk verbrennt schwefelhaltige Kohle. Dabei entstehen täglich 212 kg Schwefeldioxid. Berechne die Masse an Schwefel, die in der Kohle enthalten ist.

5 1 mol Schwefel und 1 mol Sauerstoff reagieren zu 1 mol Schwefeldioxid. Ein Schüler folgert daraus, dass 10 g Schwefel mit 10 g Sauerstoff zu 20 g Schwefeldioxid reagieren.
Überprüfe, ob die Folgerung richtig ist.

6 Ein Aluminiumdraht hat eine Masse von 2,5 g.
a Aus wie vielen Atomen besteht der Draht?
b Wie groß ist die Stoffmenge an Aluminium?
c Welche Masse an Aluminiumoxid entsteht, wenn der Draht vollständig mit Sauerstoff reagiert?
Reaktionsgleichung:
$4\,\mathrm{Al(s)} + 3\,\mathrm{O_2(g)} \longrightarrow 2\,\mathrm{Al_2O_3(s)}$
d Welche Masse an Sauerstoff ist erforderlich?

Berechnen von Massen bei chemischen Reaktionen

Die Berechnung von Massen der reagierenden bzw. entstehenden Stoffe bei chemischen Reaktionen kann unter Verwendung von Größengleichungen nach einer Schrittfolge erfolgen.

In einer Zinksalbe zur Wundbehandlung sind 10 g Zinkoxid enthalten. Berechne die Masse an Zink, die zur Herstellung der benötigten Masse Zinkoxid erforderlich war.

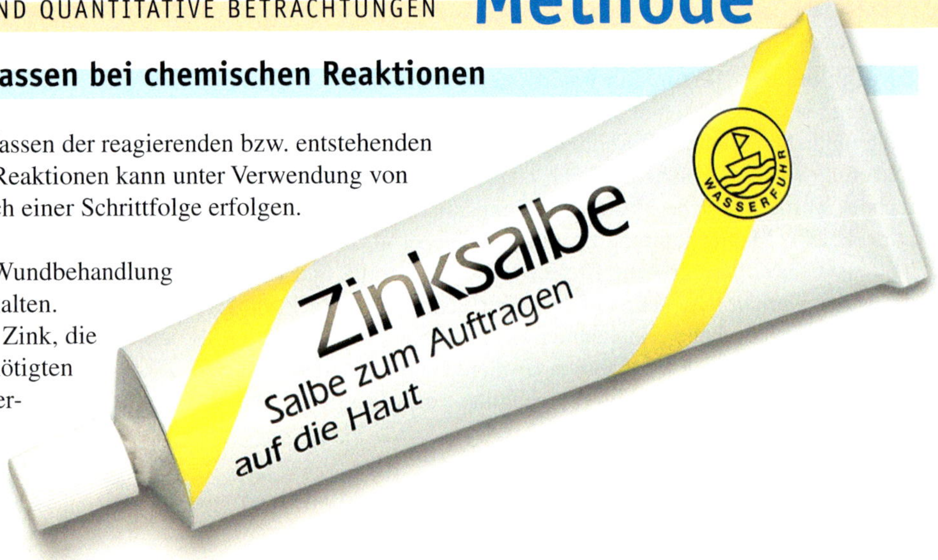

1 *Analysiere die Aufgabenstellung.*
Erfasse die gesuchten und gegebenen Größen. Ermittle die benötigten molaren Massen mithilfe eines Tabellenwerks.

Gesucht: $m(Zn)$ Gegeben: $m(ZnO) = 10\,g$; $M(ZnO) = 81\,g/mol$; $M(Zn) = 65\,g/mol$

2 *Entwickle die Reaktionsgleichung.*

$2\,Zn\,(s) + O_2\,(g) \longrightarrow 2\,ZnO\,(s)$

3 *Ermittle die Stoffmengen der Stoffe aus der Reaktionsgleichung.*

$n(Zn) = 2\,mol$; $n(O_2) = 1\,mol$; $n(ZnO) = 2\,mol$

4 *Formuliere das Massenverhältnis der gesuchten zur gegebenen Größe.*
Stelle die Gleichung unter Nutzung der allgemeinen Größengleichung auf.

$m = n \cdot M$

$$\frac{m(A)}{m(B)} = \frac{n(A) \cdot M(A)}{n(B) \cdot M(B)}$$

$$\frac{m(Zn)}{m(ZnO)} = \frac{n(Zn) \cdot M(Zn)}{n(ZnO) \cdot M(ZnO)}$$

5 *Forme die Gleichung nach der gesuchten Größe um.*

$$m(A) = \frac{n(A) \cdot M(A) \cdot m(B)}{n(B) \cdot M(B)}$$

$$m(Zn) = \frac{n(Zn) \cdot M(Zn) \cdot m(ZnO)}{n(ZnO) \cdot M(ZnO)}$$

6 *Setze die bekannten Größen in die Gleichung ein und berechne das Ergebnis.*

$$m(Zn) = \frac{2\,mol \cdot 65\,g/mol \cdot 10\,g}{2\,mol \cdot 81\,g/mol}$$

$m(Zn) = 8{,}02\,g$

7 *Formuliere einen Antwortsatz.*

Für die Herstellung von 10 g Zinkoxid ist eine Masse von 8,02 g Zink erforderlich.

Im Altertum und im Mittelalter gab es viele, oft wechselnde Zeichen für chemische Stoffe und Begriffe. Astronomisch-astrologische Symbole wie ☾ = Mond = Silber, ♂ = Mars = Eisen und ♀ = Venus = Kupfer fanden bei den Alchimisten Verwendung.
Die Alchimisten suchten den „Stein der Weisen" oder das „Große Elixier", mit dessen Hilfe man unedle Metalle in Gold verwandeln, Krankheiten heilen und ein ungewöhnlich hohes Alter erlangen könne. Deshalb nutzten sie geheime Zeichen besonders zur Geheimhaltung ihrer Entdeckungen.

Geschichte der chemischen Zeichensprache

Geheimzeichen der Alchimisten							
Antimon	Blei	Gold	Quecksilber	Schwefel	Zinn	Feuer	Wasser
♁	♄	☉	☿	🜍	♃	△	≈
Von Dalton vorgeschlagene Zeichen für chemische Elemente							
Eisen	Gold	Kohlenstoff	Phosphor	Sauerstoff	Schwefel	Stickstoff	Wasserstoff
Ⓘ	Ⓖ	●	☮	○	⊕	⦶	⊙

Jöns Jakob Berzelius, der „Vater der chemischen Zeichensprache", ersetzte die Kreissymbole John Daltons durch Buchstaben aus dem lateinischen oder griechischen Namen der Elemente. Die Symbole für neu entdeckte Elemente werden seit Mitte des 20. Jahrhunderts durch die Internationale Union für Reine und Angewandte Chemie (IUPAC – International Union of Pure and Applied Chemistry) festgelegt. Damit sind die Symbole trotz unterschiedlicher Namen der Elemente international übliches Verständigungsmittel, zu vergleichen mit den Noten, die als Symbole für Töne in der Musik verwendet werden.

1 Jöns Jakob Berzelius (1779 bis 1848)

Symbol		H	O	Fe	Cl
Name in der Landessprache	deutsch	Wasserstoff	Sauerstoff	Eisen	Chlor
	englisch	hydrogen	oxygen	iron	chlorine
	russisch	водород	кислород	железо	хлор
	japanisch	水素	酸素	鉄	塩素

Die Sprache der Musik: Noten als Symbole für Töne

1 Tim ist der Meinung, dass bei allen Stoffen im gasförmigen Zustand einzelne Atome vorliegen. Hat er Recht? Begründe deine Meinung.

2 Zeichne die drei Aggregatzustände im Teilchenmodell am Beispiel des Ozons.

3 Folgende chemische Zeichen stehen an der Tafel: O, H_2O, H_2, Al, CO, O_2, SO_2, CO_2, N_2, O_3, SO_3 und Ne.
Formuliere alle Aussagen, die aus diesen chemischen Zeichen abgeleitet werden können.

4 Lachgas (Distickstoffmonooxid, N_2O) wurde früher als Narkosemittel eingesetzt. Heute dient es als Treibgas, z. B. in Sprühflaschen zur Schlagsahneherstellung.

1 In einer Sahnesprühflasche dient Lachgas als Treibgas.

Mithilfe von Wertetabellen lässt sich leicht ermitteln, welche Massen an Stickstoff, Sauerstoff und Distickstoffmonooxid bei der Herstellung von Lachgas umgesetzt werden.

Reaktionsgleichung:
$2\,N_2(g) + O_2(g) \longrightarrow 2\,N_2O(g)$

$m(N_2)$	7 g		28 g		
$m(O_2)$		8 g		32 g	
$m(N_2O)$				88 g	

Übertrage die Tabelle in dein Heft. Fülle die Lücken in der Wertetabelle aus. Stelle das kleinste ganzzahlige Massenverhältnis für die an der Reaktion beteiligten Stoffe fest.

$m(N_2) : m(O_2) : m(N_2O) = \_\_ : \_\_ : \_\_$

5 Stelle die Angaben aus der Wertetabelle von Aufgabe 4 grafisch in einem Koordinatensystem dar. Trage auf der Abszisse (x-Achse) die Massen Stickstoff und auf der Ordinate (y-Achse) die Massen Distickstoffmonooxid ein. Kennzeichne die zusammengehörigen Paare als Punkte in dem Koordinatensystem. Verbinde die Punkte mit einem Lineal.

a Ermittle mithilfe dieses Koordinatensystems die erforderlichen Massen Stickstoff zur Herstellung von 20 g, 34 g und 50 g Lachgas.

b Ermittle die erforderlichen Massen Sauerstoff, die benötigt werden, wenn 4 g, 10 g und 30 g Stickstoff reagieren.

6 In einem Schülerexperiment sollen zehn Schülergruppen jeweils 2 g Schwefel zu Schwefeldioxid verbrennen. Schwefeldioxid ist giftig und darf nur in ganz geringen Mengen in der Luft enthalten sein. Diese Menge wird in mg Schwefeldioxid je Kubikmeter Luft angegeben. Informiere dich im Internet über die Größe dieses Wertes. Berechne, ob bei dem Experiment der Wert überschritten wird. Überlege, wie das Experiment durchgeführt werden könnte, ohne im Chemieraum diesen Wert zu überschreiten.

7 Viele Pigmentfarben bestehen aus Eisenoxiden. Ein rotes Eisenoxid hat die Formel Fe_2O_3. Dieses Pigment wird aus technischem Eisen, auch Roheisen genannt, durch Reaktion mit Sauerstoff hergestellt. Roheisen besteht zu 96 % aus Eisen. Berechne die erforderliche Masse an Roheisen, wenn 100 kg dieses Pigments hergestellt werden sollen. Welche Masse an Sauerstoff wird für diese Reaktion benötigt?

2 Rotes Eisenoxid

Auf einen Blick

Molekül

Teilchen, das aus zwei oder mehr fest miteinander verbundenen Atomen zusammengesetzt ist.

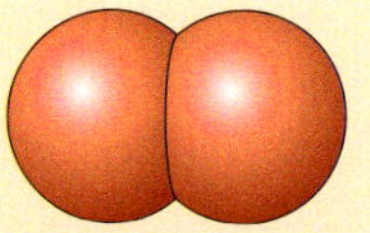

O_2

Modell und Formel eines Sauerstoffmoleküls

Formel

Chemisches Zeichen. Eine Formel kennzeichnet jeweils den Stoff und
- bei Nichtmetalloxiden ein Molekül und dessen Zusammensetzung (Molekülformel),
- bei Metalloxiden eine Baueinheit und deren Zusammensetzung (Verhältnisformel).

Reaktionsgleichung

Beschreibung einer chemischen Reaktion mithilfe chemischer Zeichen. Sie kennzeichnet die an der Reaktion beteiligten Stoffe, die Teilchen der Stoffe und das Zahlenverhältnis, in dem die Teilchen reagieren.
Beispiel: $2\,Mg(s) + O_2(g) \longrightarrow 2\,MgO(s)$ | exotherm

---

Molare Masse

Quotient aus der Masse und der Stoffmenge einer Stoffportion mit der Einheit g/mol. Sie ist für jeden Stoff charakteristisch. Aus der molaren Masse eines Stoffes lässt sich die Masse eines Mols dieses Stoffes ableiten.

$$M = \frac{m}{n}$$

Masse einer Stoffportion

Produkt aus der Stoffmenge einer Stoffportion und der molaren Masse des Stoffes

$$m = n \cdot M$$

Stoffmenge einer Stoffportion

Die Stoffmenge $n = 1$ mol gibt an, dass diese Stoffportion aus etwa $6 \cdot 10^{23}$ gleichartigen Teilchen besteht.
Die Stoffmenge einer Stoffportion ist der Quotient aus der Masse einer Stoffportion und der molaren Masse des Stoffes.

$$n = \frac{m}{M}$$

Avogadro-Konstante

Wert gibt an, wie viele Teilchen in einem Mol eines Stoffes enthalten sind.

$$N_A = 6{,}022\,1367 \cdot 10^{23}\,\text{mol}^{-1}$$

Teilchenanzahl einer Stoffportion

Produkt aus der Stoffmenge einer Stoffportion und der Avogadro-Konstante.

$$N = n \cdot N_A$$

Allgemeine Größengleichung

Für Masseberechnungen bei chemischen Reaktionen kann eine allgemeine Größengleichung genutzt werden. Dabei gilt:

$$\frac{m(A)}{m(B)} = \frac{n(A) \cdot M(A)}{n(B) \cdot M(B)}$$

Gesuchte Größe: *A*
Bekannte Größe: *B*

Check up

1 Die Stoffgruppe der Metalle zeichnet sich durch gemeinsame Eigenschaften aus

a Notiere diese Eigenschaften.

b Stelle am Beispiel von vier verschiedenen Metallen den Zusammenhang zwischen der Verwendung des Metalls und der jeweiligen charakteristischen Eigenschaft her.

2 Notiere die chemischen Zeichen der Metalle Eisen, Kupfer, Silber, Magnesium und Natrium.
Ermittle die Stellung dieser Metalle im Periodensystem der Elemente und leite Aussagen zum Bau des jeweiligen Metallatoms ab.

3 Diskutiere folgende fehlerhafte Aussagen:
„Magnesiumatome sind silbrig glänzend, Kupferatome dagegen rot glänzend."
„Die Atome aller Elemente sind gleich, im Eisen sind aber mehr enthalten als im Magnesium, weil Eisen ein Schwermetall ist."
„Atome sehen wie winzig kleine Kugeln aus, zwischen ihnen befindet sich Luft."

4 Die meisten Luftbestandteile bestehen aus Molekülen.

a Beschreibe den Aufbau von Sauerstoff und Stickstoff, gib deren Formel an und zeichne die Molekülmodelle.

b Erläutere den Begriff Molekül.

5 Es werden drei Sauerstoffteilchen unterschieden: Sauerstoffatome, Sauerstoffmoleküle und Ozonmoleküle.

a Vergleiche den Bau dieser Teilchen.

b Leite aus den chemischen Zeichen für ein Sauerstoffmolekül und ein Ozonmolekül mögliche Aussagen ab.

6 Wasser und Magnesiumoxid sind Oxide.

a Beschreibe den Bau von Wasser und Magnesiumoxid unter Nutzung des Teilchenmodells.

b Gib die Formeln beider Oxide an und leite daraus mögliche Aussagen über das Oxid ab.

7 Schwefel reagiert mit Sauerstoff zu Schwefeldioxid nach folgender Reaktionsgleichung:

$$S\ (s) + O_2\ (g) \longrightarrow SO_2\ (g)$$

Leite aus der Reaktionsgleichung alle möglichen quantitativen Aussagen ab.

8 Erläutere die Größen Stoffmenge und molare Masse.

9 In einem Experiment wurden 2 g Kupfer oxidiert. Dabei wurde ermittelt, dass 2,5 g Kupfer(II)-oxid (CuO) entstanden sind.

a Berechne die Masse an Sauerstoff, die bei dieser Oxidation verbraucht wurde. Ermittle das Massenverhältnis, in dem Kupfer und Sauerstoff in dem Experiment miteinander reagiert haben.

b Bestimme das theoretisch zu erwartende Massenverhältnis, in dem Kupfer und Sauerstoff miteinander reagieren.

c Vergleiche das experimentell ermittelte Massenverhältnis und das theoretisch zu erwartende und interpretiere das Ergebnis deines Vergleichs.

10 Viele der weltweit erscheinenden Gedenkmünzen werden aus Gold oder Silber geprägt. Die Angabe der Masse erfolgt meistens, wie bei Edelmetallen üblich, in Unzen. Eine Unze entspricht rund 31,1 g. Berechne die Stoffmenge und die Anzahl der Atome in einer Goldmünze mit einer Masse von einer zehntel Unze.

11 In vielen Produkten wird Titan(IV)-oxid (TiO_2) als Weißpigment eingesetzt. Berechne die Masse Titan, die oxidiert werden muss, um 2 000 kg Titan(IV)-oxid zu erhalten.

Aufgabe	Hilfe findest du auf Seite ...
1	9, 12, 13
2	15, 16, 18
3	14, 15
4	22, 23
5	22, 23
6	24, 25
7	32
8	29, 30
9	28, 29
10	29, 30
11	34

› Die Lösungen findest du im Anhang.

Alkali- und Erdalkalimetalle

Ein Feuerwerk ist immer wieder faszinierend. Mit lautem Knall oder pfeifendem Geheule werden prächtig gefärbte Sterne, Regen und andere effektvolle Farbspiele in den nächtlichen Himmel gezaubert.

- ➜ Welche Stoffe führen zu den prächtigen Farben?
- ➜ Besteht ein Zusammenhang zwischen den Flammenfärbungen und den Alkali- und Erdalkalimetallen?
- ➜ Welche Gemeinsamkeiten haben die Alkali- bzw. die Erdalkalimetalle?

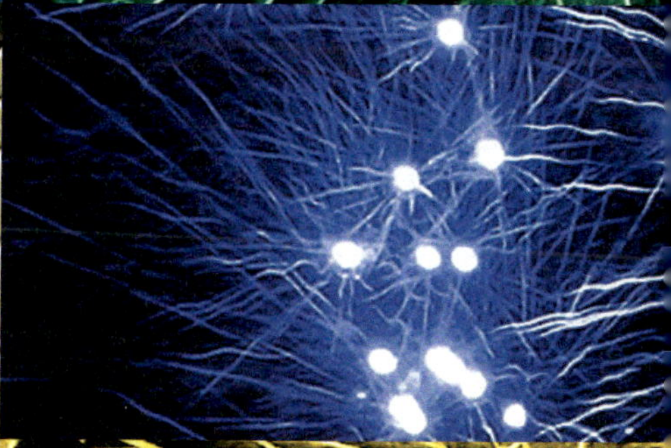

Welt der **Chemie**

Angefangen hat die Geschichte des Feuerwerks mit der Erfindung des Schwarzpulvers vor mehr als 1000 Jahren in China. Nach Europa kam das Wissen vom Schwarzpulver vermutlich gegen Ende des 13. Jahrhunderts durch Seefahrer. Wie auch schon bei den Chinesen fand das erste Feuerwerk zu kriegerischen Zwecken Verwendung: um Angst zu verbreiten, zur Kommunikation und als Freudenfeuer nach der siegreichen Schlacht. Das erste friedliche Feuerwerk in Europa fand 1379 in Vicenza (Italien) statt. Seine Blütezeit erlebte das Spektakel im Barock und Rokoko. Hier waren Feuerwerke ein Symbol von Reichtum und Macht.

1 Barockes Feuerwerk

Feuerwerk

Die erste deutsche Fabrik für Feuerwerkskörper wurde im 19. Jahrhundert gegründet. Heute gibt es in Deutschland etwa 40 Betriebe, die Feuerwerkskörper herstellen. Beliebt sind Kugelbomben, Raketen, römische Lichter und viele weitere.

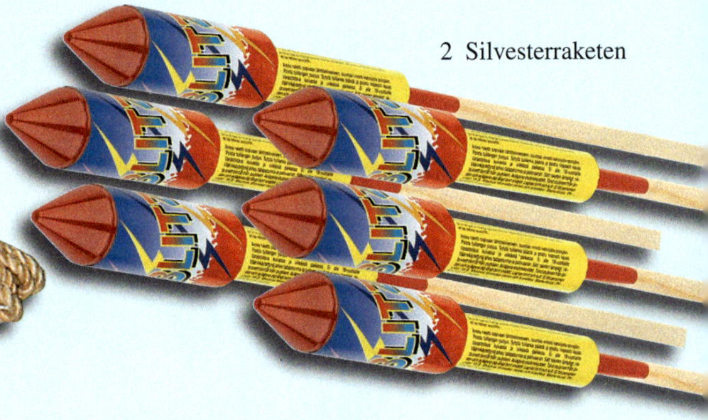

2 Silvesterraketen

3 Professionelle Kugelbombe

Während Privatpersonen nur zum Jahreswechsel Feuerwerkskörper kaufen und zünden dürfen, haben professionelle Feuerwerker ganzjährig verschiedene Feuerwerkskörper in Gebrauch. Die Farben, das Flackern und Blinken oder die Leuchtspuren kommen durch verschiedene Effektpulver und deren Pressung und Anordnung in den Feuerwerkskörpern zustande.

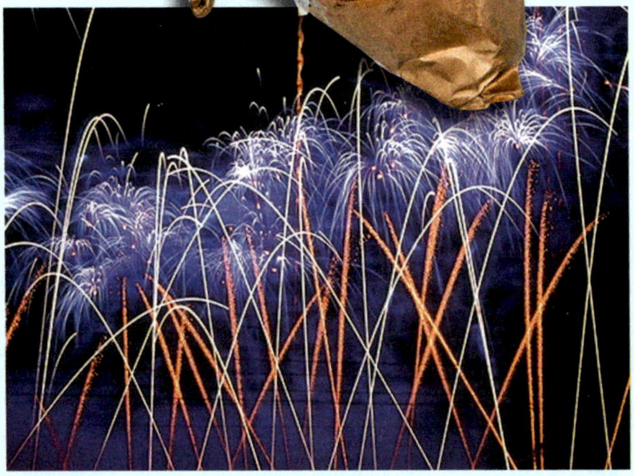

4 Feuertopf-Effekt

5 Kugelbomben-Effekt

6 Raketen-Effekt

Selbst untersucht Eigenschaften von Alkali- und Erdalkalimetallen

1 Prüfe das Verhalten von Natriumchlorid (Kochsalz) in der Brennerflamme.

Vorsicht! Schutzbrille! Tauche ein Magnesiastäbchen in 35%ige Salzsäure (C). Erhitze es dann in der nicht leuchtenden Brennerflamme bis zum Glühen. Tauche das Stäbchen in Natriumchlorid, sodass etwas davon am Stäbchen haftet. Halte das Stäbchen erneut in die nicht leuchtende Brennerflamme.

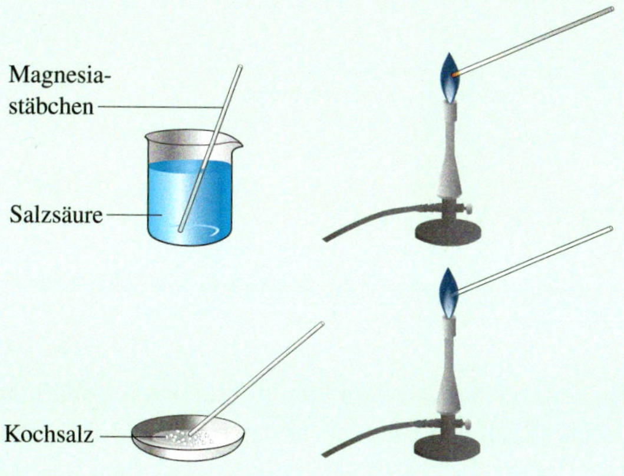

Notiere deine Beobachtungen.
Entsorgung: Feststoff in den Sammelbehälter für Hausmüll, Salzsäurereste in den Sammelbehälter I geben.

2 Prüfe das Verhalten von Lithium , Kalium-, Rubidium- und Caesiumchlorid in der Brennerflamme.

Vorsicht! Schutzbrille! Tauche ein Magnesiastäbchen in 35%ige Salzsäure (C). Erhitze es dann in der nicht leuchtenden Brennerflamme bis zum Glühen. Tauche das Stäbchen in Lithiumchlorid (Xn), sodass etwas davon am Stäbchen haftet. Halte das Stäbchen erneut in die nicht leuchtende Brennerflamme. Wiederhole den Versuch mit Kalium-, Rubidium- und Caesiumchlorid.
Beobachte die Flamme auch durch ein Cobaltglas.
Notiere deine Beobachtungen.
Entsorgung: Feststoffe in den Sammelbehälter für Hausmüll, Salzsäurereste in den Sammelbehälter I geben.

3 Bestimme die Dichte eines Bleistiftanspitzers.

Entferne die Klinge eines Bleistiftanspitzers aus Metall. Wiege den Spitzer und bestimme sein Volumen nach der Wasserverdrängungsmethode, indem du ihn in einen Messzylinder ($V = 25$ ml) gibst.
Berechne die Dichte des Bleistiftanspitzers und vergleiche sie mit der Dichte anderer Metalle in einem Tabellenwerk. Stelle eine Vermutung an, um welches Metall es sich handeln könnte.
Entsorgung: Anspitzer wieder einsammeln.

4 Prüfe das Verhalten von Calcium-, Strontium- und Bariumchlorid in der Brennerflamme.

Vorsicht! Schutzbrille! Tauche ein Magnesiastäbchen in 35%ige Salzsäure (C). Erhitze es dann in der nicht leuchtenden Brennerflamme bis zum Glühen. Tauche das Stäbchen in Calciumchlorid (Xi), sodass etwas davon am Stäbchen haftet. Halte das Stäbchen erneut in die nicht leuchtende Brennerflamme. Wiederhole den Versuch mit Strontium- und Bariumchlorid (T).
Beobachte die Flamme auch durch ein Cobaltglas.
Notiere deine Beobachtungen.
Entsorgung: Feststoffe in den Behälter für Hausmüll, Salzsäurereste in den Sammelbehälter I geben.

5 Untersuche das Verhalten von Magnesium, Calcium und Barium in Wasser.

Vorsicht! Schutzbrille! Fülle in drei Reagenzgläser jeweils etwa 5 ml Wasser. Gib nun in ein Reagenzglas einige Späne Magnesium (F), in die anderen Calcium- (F) bzw. Bariumspäne (F). Beobachte. Erhitze nun das Reagenzglas mit Magnesium etwas mit der Brennerflamme.
Notiere deine Beobachtungen. Vergleiche das Verhalten der drei Stoffe miteinander.
Entsorgung: Feststoffe in den Behälter für Hausmüll, Flüssigkeiten in den Sammelbehälter für Abwasser geben.

Natrium

Bei der Straßenbeleuchtung werden neben den üblichen Laternen mit weißem Licht auch Natriumdampflampen mit gelbem Licht eingesetzt.
Welche weiteren Eigenschaften und Besonderheiten weist Natrium auf?

1 Natriumdampflampen erhellen eine Schleuse bei Nacht.

2 Salzwüste mit Salzformationen

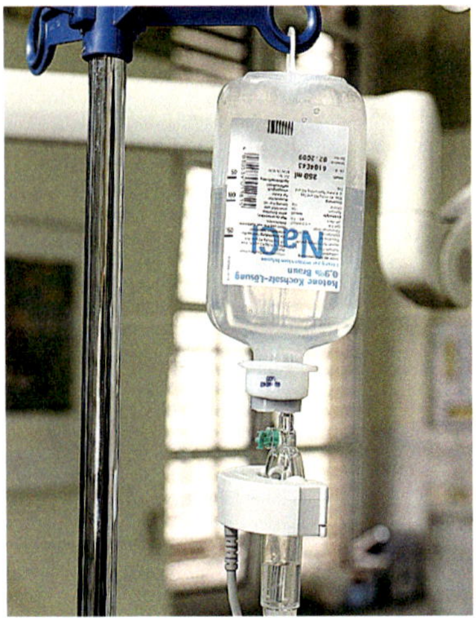

3 Tropf mit physiologischer Kochsalzlösung

Vorkommen Natrium kommt in der Natur nur in chemisch gebundener Form vor. Es ist das sechsthäufigste Element in der Erdkruste. Eine wichtige Natriumverbindung ist das Kochsalz (Natriumchlorid, NaCl). Gewaltige Massen Natriumchlorid lagern als Steinsalz in unterirdischen Salzlagerstätten, die durch das Austrocknen von salzhaltigen Meeren entstanden sind. Darüber hinaus sind in den Ozeanen etwa 50 Billiarden Tonnen Natriumchlorid gelöst.
Natrium wurde im Jahre 1807 erstmals von dem Engländer HUMPHRY DAVY (1778 bis 1829) mithilfe des elektrischen Stroms aus geschmolzenem Ätznatron (Natriumhydroxid, NaOH) gewonnen. Durch ein ähnliches Verfahren wird auch heute noch der Großteil des Natriums hergestellt. Als Ausgangsstoff wird dabei geschmolzenes Natriumchlorid eingesetzt. Jährlich werden so über 400 000 t Natrium produziert. ↑S.102

Bedeutung In Natriumdampflampen wird Natrium zur Erzeugung von gelbem Licht verwendet. Diese Lampen werden oft im Straßenverkehr eingesetzt, da das gelbe Licht Nebel besonders gut durchdringt. In der Industrie wird Natrium als Reduktionsmittel bei der Herstellung von Metallen, wie z. B. Titan, eingesetzt. In Kernreaktoren dient flüssiges Natrium als Kühlmittel, da es eine sehr hohe Wärmeleitfähigkeit besitzt. Im Labor findet es Verwendung als Trocknungsmittel für bestimmte Lösemittel.
Besonders groß ist die biologische Bedeutung von Natrium. Der menschliche Körper benötigt pro Tag etwa 2 bis 3 g Kochsalz, um die Körperfunktionen aufrechtzuerhalten. Fehlt das im Kochsalz gebundene Natrium, kommt es zu Störungen in der Muskulatur und in den Nerven. Daher wird bei Unfällen der Flüssigkeitsverlust des Körpers mit physiologischer Kochsalzlösung ausgeglichen. Diese Lösung enthält mit einem Massenanteil von 0,9 % ebenso viel Kochsalz wie das menschliche Blut.

4 Frische Schnittflächen an Natrium zeigen metallischen Glanz.

5 Flammenfärbung von Natrium

Eigenschaften und Verwendung Natrium wird nicht in normalen Vorratsflaschen aufbewahrt, sondern in Paraffinöl, das weder Luftsauerstoff noch Wasser enthält. Warum ist das erforderlich? Welches Verhalten zeigt Natrium an der Luft und in Wasser?

Die Oberfläche von Natrium ist meist matt und grau. Zerkleinert man das Natriumstückchen mit einem Messer, ist zu erkennen, dass die Schnittfläche silbrig glänzt. ↑E.6 ↑4 An der Luft wird die Schnittfläche schnell matt, das Natrium reagiert mit dem Luftsauerstoff zu Natriumoxid (Na_2O). Daher muss Natrium unter Luftabschluss gelagert werden.

Wird Natrium in Wasser gegeben, findet eine heftige chemische Reaktion statt. ↑E.7 Aufgrund seiner geringen Dichte schwimmt das Natrium auf der Wasseroberfläche. Es bewegt sich unter Gasentwicklung lebhaft hin und her. Die Reaktion ist sehr stark exotherm. Durch die bei der Reaktion frei werdende Wärme schmilzt das Metall.

Wird Natrium an der Luft erhitzt, entzündet es sich und verbrennt mit gelber Flamme zu Natriumoxid. Natriumbrände können mit Kochsalz oder trockenem Zement gelöscht werden.

Natrium besitzt eine gute elektrische Leitfähigkeit und leitet auch Wärme gut. Diese Eigenschaften weisen darauf hin, dass Natrium ein Metall ist. Mit einer Dichte von nur 0,97 g/cm³ gehört es zu den Leichtmetallen.

Natrium und seine Verbindungen färben die nicht leuchtende Brennerflamme intensiv gelb. ↑E.1 S.41, ↑5 Diese Färbung wird schon durch sehr geringe Mengen hervorgerufen, daher wird die Flammenfärbung als wichtiger Hinweis auf das Vorhandensein von Natrium und seinen Verbindungen eingesetzt.

EXPERIMENT 6 [L]

Schneiden von Natrium.

Vorsicht! Schutzbrille!

Ein Stück Natrium (F, C) aus der Vorratsflasche wird mit Filterpapier abgetupft. Mit einem Messer wird eine Probe angeschnitten und die Schnittfläche betrachtet.

EXPERIMENT 7 [L]

Reaktion von Natrium mit Wasser.

Vorsicht! Schutzscheibe! Schutzbrille!

Ein entrindetes erbsengroßes Stück Natrium (F, C) wird in einer Kristallisierschale auf Wasser gegeben.

Steckbrief Natrium

Farbe: silbrig
Glanz: glänzend, leicht anlaufend
Schmelztemperatur: 98 °C
Siedetemperatur: 892 °C
Verformbarkeit: sehr gut
Dichte: 0,97 g/cm³
Elektrische Leitfähigkeit: gut
Härte: sehr weich
Wärmeleitfähigkeit: gut
Flammenfärbung: intensiv gelb

Aufgaben

1 Informiere dich, wo sich in Deutschland große Steinsalzlagerstätten befinden.
2 Nenne drei typische Eigenschaften, die zeigen, dass Natrium ein Metall ist.
3 Erkläre, warum Natrium unter Paraffinöl und nicht unter Wasser aufbewahrt wird.
4 Formuliere für die Reaktion von Natrium mit Sauerstoff die Reaktionsgleichung.
5 Im Labor soll untersucht werden, ob ein unbekanntes Pulver Natriumverbindungen enthält. Beschreibe ein mögliches Untersuchungsverfahren.
6 Erkläre, warum Natriumbrände nicht mit Wasser gelöscht werden dürfen.

Die Elemente der I. Hauptgruppe

Wie Natrium zeigen auch Lithium, Kalium und Rubidium beim Schneiden glänzende Schnittflächen. Gibt es weitere Gemeinsamkeiten zwischen diesen Elementen und wodurch unterscheiden sie sich?

1 Kalium und Lithium mit frischen Schnittflächen

2 Verbrennen von Kalium an der Luft

Eigenschaften der Elemente der I. Hauptgruppe Ebenso wie Natrium sind die Elemente Lithium, Kalium, Rubidium und Caesium sehr weich, leiten den elektrischen Strom und die Wärme gut. Sie besitzen eine geringe Dichte und überziehen sich an der Luft schnell mit einer Oxidschicht. Auch diese Metalle müssen daher unter Luft- und Wasserabschluss aufbewahrt werden. Die Metalle und ihre Verbindungen zeigen typische Verfärbungen der nicht leuchtenden Brennerflamme. ↑E.2 S.41 So färben Lithiumverbindungen die Flamme kräftig rot, während Kaliumverbindungen eine rotviolette Färbung hervorrufen, was erst durch das Cobaltglas zu erkennen ist. Da die Flamme schon bei sehr geringen Mengen gefärbt wird, ist dies ein Hinweis auf das Vorhandensein der Elemente der I. Hauptgruppe des Periodensystems der Elemente.
An der Luft verbrennen die Metalle zu Metalloxiden. So reagiert Kalium mit Sauerstoff zu Kaliumoxid (K_2O). ↑2 Die Schmelztemperaturen der Metalle sind relativ niedrig und nehmen von Lithium zu Caesium ab. Caesium schmilzt bereits durch die Handwärme. Auch andere Eigenschaften der Elemente der I. Hauptgruppe ändern sich von Lithium zu Caesium. ↑Tabelle

Die Elementgruppe der Alkalimetalle Aufgrund der auffallenden Ähnlichkeiten werden Lithium, Natrium, Kalium, Rubidium, Caesium und das radioaktive Francium zu einer **Elementgruppe**, den **Alkalimetallen**, zusammengefasst. Der Name der Gruppe leitet sich von Pottasche (arab. al gili), einer Kaliumverbindung, ab. Diesen Stoff kann man aus der Asche verbrannter Pflanzen gewinnen.
Die Ähnlichkeit der Alkalimetalle zeigt sich auch bei ihrer Reaktion mit Wasser. ↑E.8 Alle Alkalimetalle reagieren unter Gasentwicklung mit Wasser. Dabei steigt die Heftigkeit der Reaktion von Lithium zum Caesium. Kalium, Rubidium und Caesium können sich von selbst entzünden.

Eine Elementgruppe umfasst Elemente mit sehr ähnlichen Eigenschaften und Reaktionen.

EXPERIMENT 8 [L]
Reaktivität der Alkalimetalle.
Vorsicht! Schutzscheibe! Schutzbrille!
Entrindete erbsengroße Stücke Lithium (F, C), Natrium (F, C) und Kalium (F, C) werden in einer Kristallisierschale auf Wasser gegeben.

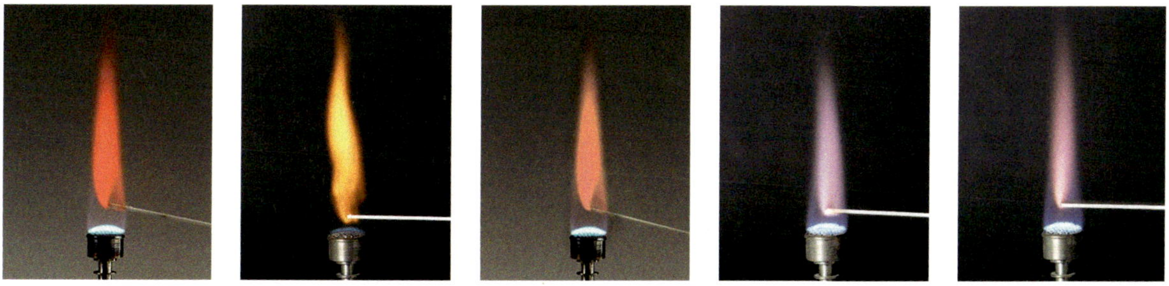

3 Flammenfärbungen der Alkalimetalle Lithium, Natrium, Kalium, Rubidium und Caesium

Eigenschaften der Alkalimetalle

Name (Symbol des Elements)	Relative Atommasse in u	Schmelztemperatur in °C	Siedetemperatur in °C	Dichte in g/cm^3 (bei 20 °C)	Härte nach MOHS	Flammenfärbung	Reaktivität mit Wasser
Lithium (Li)	6,9	180	1 372	0,53	0,6	rot	
Natrium (Na)	23	98	892	0,97	0,4	gelb	
Kalium (K)	39	64	760	0,86	0,5	rotviolett	nimmt zu ↓
Rubidium (Rb)	85,5	38,9	688	1,53	0,3	dunkelrot	
Caesium (Cs)	133	28,4	679	1,88	0,2	blauviolett	

Herstellung und Bedeutung von Alkalimetallen Da die Alkalimetalle sehr reaktionsfreudig sind, kommen sie in der Natur nur als Verbindungen vor. Sie werden mithilfe des elektrischen Stroms aus den Schmelzen einiger ihrer Verbindungen gewonnen.

Lithium findet Verwendung in langlebigen Batterien, beispielsweise für Herzschrittmacher. Lithium-Batterien ↑4 sind sehr leistungsstark und werden hauptsächlich in Computern und in der Telekommunikation verwendet. Auch in den Atemfiltern für die Raumfahrt befindet sich eine Lithiumverbindung. Das ausgeatmete Kohlenstoffdioxid wird adsorbiert und durch chemische Reaktion mit der Lithiumverbindung aus der Atemluft entfernt. So wird dessen Anreicherung in der Atemluft verhindert.

Kaliumverbindungen werden in der Düngemittel- und Glasindustrie benötigt. Rubidium und Caesium werden zur Herstellung fotoelektrischer Zellen, Leuchtstoffen, Gläsern und Katalysatoren eingesetzt. Verbindungen von allen Alkalimetallen werden in der Pyrotechnik verwendet. ↑S.40

4 Handy mit Lithium-Akku

Aufgaben

1 Begründe, warum Alkalimetalle in der Natur nur als Verbindungen vorkommen.

2 Nenne die Mitglieder der Elementgruppe der Alkalimetalle. Erläutere, warum sie zu einer Elementgruppe zusammengefasst werden.

3 Formuliere die Reaktionsgleichung für die chemische Reaktion von Kalium mit Sauerstoff.

4 Die Eigenschaften der Alkalimetalle ändern sich periodisch von Lithium bis Caesium. Bestätige diese Aussage anhand zweier Beispiele.

5 Im Gegensatz zum Lithium entzündet sich Kalium bei der Reaktion mit Wasser. Finde eine mögliche Erklärung.

Magnesium und Calcium

Magnesium und Calcium sind Metalle von großer Bedeutung. So formen Calciumverbindungen Gebirgszüge und ganze Landschaften. Magnesium ist ein wichtiger Werkstoff in der Industrie. Auch zahlreiche Gegenstände des Alltags wie dieser Bleistiftanspitzer bestehen aus Magnesium. Welche Eigenschaften haben Magnesium und Calcium?

1

Steckbrief Magnesium

Farbe: silberweiß
Glanz: glänzend, leicht anlaufend
Schmelztemperatur: 650 °C
Siedetemperatur: 1 110 °C
Verformbarkeit: leicht
Dichte: 1,74 g/cm^3
Elektrische Leitfähigkeit: gut
Wärmeleitfähigkeit: gut
Flammenfärbung: keine

2 Löschversuch von brennendem Magnesium mit Wasser

Vorkommen von Magnesium Magnesium ist mit einem Massenanteil von 1,95 % am Aufbau der Erdkruste beteiligt und steht in der Häufigkeit der Elemente an 8. Stelle. Es kommt in der Natur nur in gebundener Form vor. So ist es am Aufbau von Mineralien wie Magnesit, Dolomit und Talk beteiligt. Auch im Meerwasser kommen gelöste Magnesiumverbindungen vor und bilden einen nahezu unerschöpflichen Vorrat an Magnesium.
1828 konnte Magnesium erstmals von JUSTUS VON LIEBIG (1803 bis 1873) in reiner Form hergestellt werden. Im Jahre 1852 gelang es ROBERT W. BUNSEN (1811 bis 1899), größere Mengen Magnesium mithilfe des elektrischen Stroms aus Magnesiumverbindungen zu gewinnen. Durch dieses Verfahren wird heute der Großteil des Magnesiums hergestellt. Die hierfür benötigten Magnesiumverbindungen werden aus Meerwasser gewonnen.
Hervorzuheben ist die biologische Bedeutung von Magnesium. Ein Mensch benötigt pro Tag etwa 250 bis 350 mg gebundenes Magnesium. Ein Mangel kann zu Muskelzittern und Krämpfen führen. Pflanzen benötigen Magnesiumverbindungen zum Aufbau des grünen Blattfarbstoffs, des Chlorophylls.

Eigenschaften und Verwendung von Magnesium Magnesium ist silberweiß, leicht zu verformen und gut zu bearbeiten. Es hat eine Dichte von 1,74 g/cm^3 und zählt deshalb zu den Leichtmetallen. ↑E.3 S.41 Legierungen von Magnesium und anderen Metallen wie Aluminium sind wegen ihrer hohen Festigkeit bei einer geringen Dichte wichtige Werkstoffe beim Automobil- und Flugzeugbau sowie in der Raumfahrtindustrie. Auch Gebrauchsgegenstände wie Fahradschaltungen werden aus Magnesium hergestellt. Weiterhin wird es als Korrosionsschutz z. B. für Schiffe und Öltanks genutzt.
Magnesium verbrennt mit einer weißen und sehr hellen Flamme zu Magnesiumoxid (MgO), weshalb es in der Pyrotechnik bei der Herstellung von Feuerwerkskörpern Verwendung findet. Brennendes Magnesium darf nicht mit Wasser gelöscht werden, da sonst eine chemische Reaktion stattfindet, bei der Wasserstoff entsteht. Eine Stichflamme wäre die Folge. ↑2

3 Calciumverbindungen formen ganze Landschaften.

Steckbrief Calcium

Farbe: silberweiß
Glanz: glänzend, leicht anlaufend
Schmelztemperatur: 838 °C
Siedetemperatur: 1 490 °C
Verformbarkeit: leicht, weich
Dichte: 1,55 g/cm^3
Elektrische Leitfähigkeit: gut
Wärmeleitfähigkeit: gut
Flammenfärbung: orangerot bis ziegelrot

Vorkommen von Calcium Calcium ist das dritthäufigste Element auf der Erde. Ebenso wie Magnesium kommt es in der Natur nur in gebundener Form vor. So spielt es in Form von Mineralien eine entscheidende Rolle am Erscheinungsbild der Erde. Große Gebirge wie die Alpen oder die Dolomiten bestehen aus Calciumverbindungen. Insgesamt sind mehr als 700 Calciummineralien bekannt, einige der bekanntesten sind Kalkstein, Marmor, Gips, Kreide und Flussspat. Auch Lebewesen enthalten zahlreiche Calciumverbindungen. Schneckenhäuser, Muschel- und Eierschalen bestehen ebenso aus Calciumverbindungen wie Knochen.
Calcium wird meist durch chemische Reaktion von Calciumoxid (CaO) mit Aluminium gewonnen.
Unser Körper muss täglich ausreichend chemisch gebundenes Calcium aufnehmen, sei es für den Bau unserer Knochen oder für die Funktionsfähigkeit der Muskeln. Bei einem gesunden Menschen sind in 100 ml Blut 10 mg gebundenes Calcium enthalten.

4 Brennende Calciumspäne

Eigenschaften und Verwendung von Calcium Calcium ist ein silberglänzendes Metall. Aufgrund seiner geringen Dichte zählt es zu den Leichtmetallen. Es ist weich, dehnbar und leitet den elektrischen Strom. Calcium ist an trockener Luft bei Normaltemperatur beständig, überzieht sich aber in Gegenwart von Luftfeuchtigkeit rasch mit einer grauweißen Schicht. Bei höheren Temperaturen entzündet es sich an der Luft und verbrennt mit orange- bis ziegelroter Flamme zu Calciumoxid (CaO). ↑E.9
Verwendung findet Calcium bei der Herstellung einiger Metalle wie Uran. Calciumverbindungen werden beispielsweise als Düngemittel, bei der Herstellung von Glas und Papier sowie im Bauwesen benötigt.

EXPERIMENT 9 [L]
Reaktion von Calcium mit Sauerstoff.
Vorsicht! Schutzbrille! Einige blank gefeilte Calciumspäne (F) werden auf einem Eisenblech bis zu ihrer Entzündung erhitzt.

Aufgaben

1 Formuliere die Reaktionsgleichungen für die Reaktionen von Magnesium und Calcium mit Sauerstoff.

2 Informiere dich über Nahrungsmittel, die viel gebundenes Magnesium oder Calcium enthalten. Erläutere, warum die ausreichende Aufnahme von Magnesium- und Calciumverbindungen wichtig ist.

3 Formuliere die Reaktionsgleichung für die chemische Reaktion von Magnesium mit Wasser. Begründe, dass es sich dabei um eine Redoxreaktion handelt. Kennzeichne die Sauerstoffübertragung. Kennzeichne Reduktion und Oxidation sowie Oxidations- und Reduktionsmittel.

Die Elemente der II. Hauptgruppe

Wie Magnesium und Calcium kommen auch die Metalle Beryllium, Strontium und Barium in der Natur nur in Form von Verbindungen vor.
Besitzen diese Elemente weitere gemeinsame Eigenschaften und wodurch unterscheiden sie sich?

1 Baryt – eine Bariumverbindung – und Coelestin – eine Strontiumverbindung

2 Beryll

3 Kostbare Smaragde enthalten das Element Beryllium.

Formeln von Erdalkalimetalloxiden	
Berylliumoxid	BeO
Magnesiumoxid	MgO
Calciumoxid	CaO
Strontiumoxid	SrO
Bariumoxid	BaO

Eigenschaften der Elemente der II. Hauptgruppe Die Metalle Beryllium, Magnesium, Calcium, Strontium und Barium sind sich in vielen Eigenschaften ähnlich. ↑Tabelle rechts
Die Reaktivität der Metalle mit Wasser nimmt innerhalb der Gruppe zu. Während Beryllium nicht mit Wasser reagiert, zeigt Magnesium mit warmem Wasser bereits eine schwache Reaktion. Barium schließlich reagiert stürmisch mit Wasser. ↑E.5 S.41
Calcium, Strontium und Barium sowie ihre Verbindungen zeichnen sich dadurch aus, dass die nicht leuchtende Brennerflamme gefärbt wird. ↑E.4 S.41 Diese Eigenschaft wird als wichtiger Hinweis auf das Vorhandensein dieser Elemente bzw. deren Verbindungen genutzt.

Die Elementgruppe der Erdalkalimetalle Genau wie die Alkalimetalle zeigen alle Elemente der II. Hauptgruppe Ähnlichkeiten in ihren Eigenschaften. Daher werden die Elemente Beryllium, Magnesium, Calcium, Strontium, Barium und das radioaktive Radium zur Elementgruppe der **Erdalkalimetalle** zusammengefasst.
Die Erdalkalimetalle kommen in der Natur nur in Form ihrer Verbindungen vor. Aus diesen können sie mithilfe des elektrischen Stroms gewonnen werden. Viele Mineralien sind Verbindungen von Erdalkalimetallen. Neben Magnesium- und Calciummineralien kommen auch Mineralien mit Berylliumverbindungen, z. B. Beryll, vor. ↑2 Durch weitere enthaltene Metallverbindungen wird Beryll zu Smaragd, einem wertvollen Edelstein. ↑3
Alle Erdalkalimetalle besitzen eine geringe Dichte, daher handelt es sich um Leichtmetalle. Es sind unedle Metalle von silberweißer Farbe. An der Luft bilden sie eine Oxidschicht, die dazu führt, dass die Metalle matt werden. Diese Oxidschicht schützt Beryllium und Magnesium vor einer weiteren Oxidation durch den Luftsauerstoff. Die Oxide der Erdalkalimetalle lösen sich von Beryllium zu Barium zunehmend besser im Wasser.

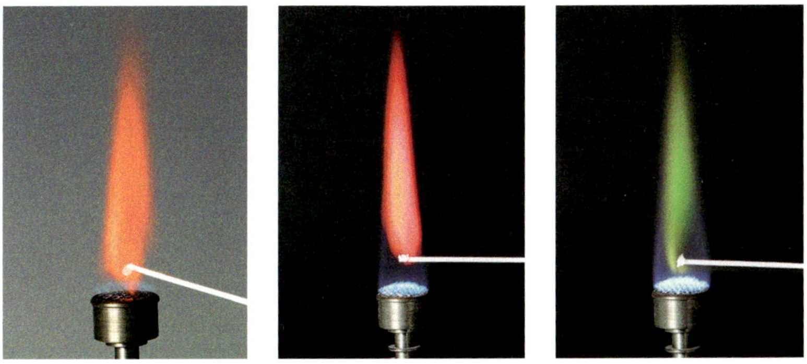

4 Flammenfärbungen der Erdalkalimetalle Calcium, Strontium und Barium

5 Erdalkalimetalle bringen Farbe ins Feuerwerk.

Eigenschaften der Erdalkalimetalle

Name (Symbol des Elements)	Relative Atommasse in u	Schmelztemperatur in °C	Siedetemperatur in °C	Dichte in g/cm^3 (bei 20 °C)	Härte nach MOHS	Flammenfärbung	Reaktivität mit Wasser
Beryllium (Be)	9	1278	2970	1,85	6 bis 7	keine	nicht
Magnesium (Mg)	24,3	650	1110	1,74	2,0	keine	schwach in heißem Wasser
Calcium (Ca)	40	838	1490	1,55	1,5	orangerot	schwach
Strontium (Sr)	87,6	757	1364	2,58	1,5	rot	heftig
Barium (Ba)	137,3	714	1640	3,50	1,2	grün	stürmisch

Bedeutung von Erdalkalimetallen Beryllium findet vor allem in der Raumfahrt und Raketentechnik Verwendung. Als Legierungsmetall erhöht es Härte und Bruchfestigkeit der Legierungen. Es dient als Konstruktionsmaterial für Kernreaktoren. Strontiumverbindungen werden in der Pyrotechnik, in Bildröhren von Farbfernsehern und bei der Herstellung von Permanentmagneten verarbeitet. Barium wird in geringen Mengen als Legierungsmetall verwendet. Bariumverbindungen werden in der Glasindustrie, als Pigmente in Anstrichmitteln wie Rostschutzfarben, in der Pyrotechnik und in der Medizin als Röntgenkontrastmittel eingesetzt. Magnesium findet als Magnesiumoxid in feuerfesten Materialien, z. B. in Ofenauskleidungen, Verwendung. Calciumverbindungen werden auch zur Herstellung von Putzmitteln und Zahncremes gebraucht.

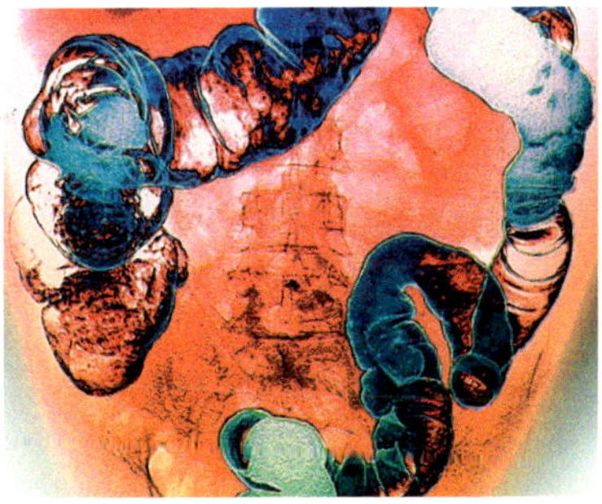

6 Bariumverbindungen werden als Röntgenkontrastmittel eingesetzt.

Aufgaben

1 Erläutere, warum die Erdalkalimetalle eine Elementgruppe bilden.

2 Formuliere die Reaktionsgleichungen für die chemischen Reaktionen von Beryllium und Strontium mit Sauerstoff.

3 Magnesium hat eine hohe Affinität mit Sauerstoff zu reagieren. Begründe, warum Magnesium dennoch an der Luft aufbewahrt werden kann.

4 In bengalischen Feuern werden neben Magnesium auch Strontium- oder Bariumverbindungen eingesetzt. Begründe, weshalb diese Stoffe zugegeben werden.

5 Vergleiche wesentliche Eigenschaften von Alkali- und Erdalkalimetallen miteinander.

Methode

Internetrecherche

In einem Vortrag über Radium soll auch auf die Entdeckung des Elements eingegangen werden. Viele Informationen dazu findest du im Internet.

1 *Formuliere ein Problem oder eine Fragestellung.*
Wann und von wem wurde Radium entdeckt?

2 *Finde geeignete Suchwörter.*
Mögliche Suchwörter sind: Radium, Entdeckung, Erdalkalimetalle.

3 *Suche im Internet mit geeigneten Suchmaschinen.*
Mögliche Suchmaschinen sind:
www.google.de, www.lycos.de, www.yahoo.de, www.altavista.de, www.abacho.de.

4 *Gib das Suchwort ein.*

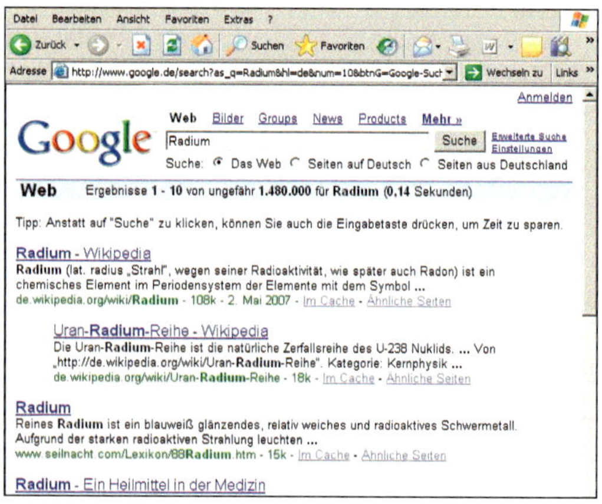

5 *Schränke das Suchergebnis ein.*
Oft gibt die Suchmaschine zu viele Fundstellen an. Dann kann das Suchergebnis eingeschränkt werden, indem mehrere Suchwörter eingegeben werden. Viele Suchmaschinen wie www.google.de bieten eine „erweiterte Suche" an. Damit können Seiten mit **allen** Wörtern, mit der **genauen Wortgruppe**, mit **irgendeinem der Wörter** oder **ohne** die Wörter gesucht werden. Gibt man mehrere Suchwörter durch Leerzeichen voneinander getrennt in das Suchfeld ein, werden alle Seiten angezeigt, die gleichzeitig beide Begriffe enthalten. Die genaue Wortgruppe kann gesucht werden, indem sie in Anführungszeichen gesetzt wird.

Zur Einschränkung der Suche gib ein weiteres aussagekräftiges Suchwort ein.
Suchwörter: Radium, Entdeckung

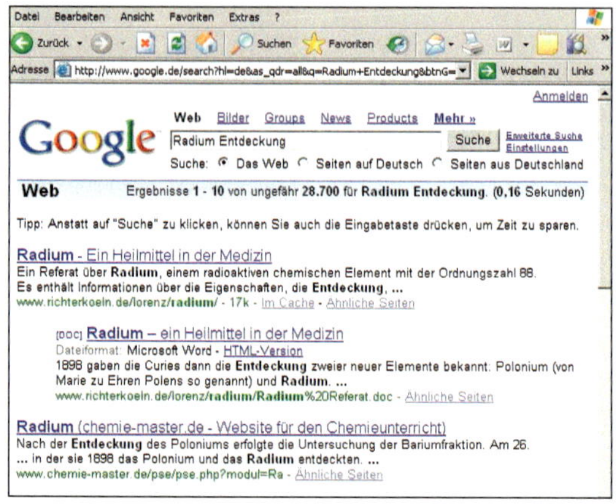

6 *Sichte die Seiten.*
Überfliege die Fundstellen und kopiere die Adressen von geeigneten Seiten, damit du sie später schnell finden kannst. Zudem hast du damit die Daten, die du als Quellenangabe für wörtlich oder inhaltlich übernommene Textpassagen benötigst.

7 *Notiere die gefundenen Aussagen.*
MARIE CURIE entdeckte Radium im Jahr 1898.
Gefundene geeignete Internetadressen:
www.chemie-master.de/pse/pse.php?modul=Ra
www.seilnacht.com/Lexikon/88Radium.htm

Wichtige Internetadressen zur Recherche chemischer Inhalte

http://dc2.uni-bielefeld.de/
http://netchemie.de/netchemie/
http://www.chemie-master.de/
http://www.seilnacht.tuttlingen.com/
http://de.wikipedia.org/wiki/Hauptseite

Suche nach Suchmaschinen – übergeordnete Suchmaschinen

www.metager.de
www.klug-suchen.de
www.suchfibel.de

1 Überkochen von Nudelwasser

1 In vielen Küchen wird auf Gasherden gekocht. Diese nutzen Erdgas, das im Normalfall mit blauer Flamme verbrennt. Wenn aber z. B. Nudeln überkochen und das Nudelwasser in die Gasflamme gelangt, färbt sich die Flamme gelb. Deute diese Beobachtung.

2 In Lithiumbatterien dürfen nur wasserfreie Stoffe eingesetzt werden. Erkläre, warum Wasser in diesen Batterien gefährlich wäre.

3 Caesium wird in luftleer gepumpten Glasampullen aufbewahrt. ↑2 Begründe diese Notwendigkeit.

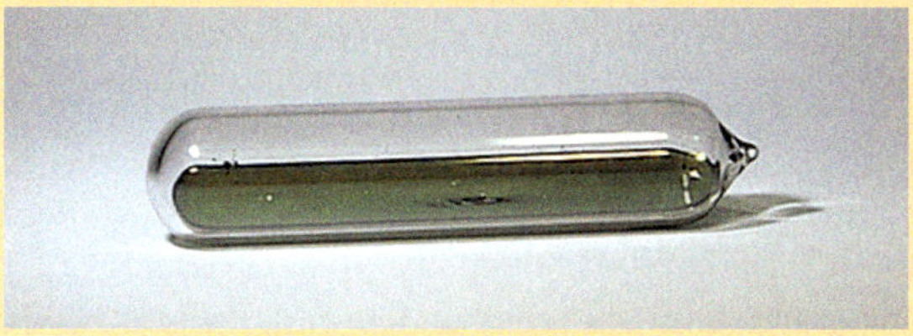

2 Glasampulle mit Caesium

4 In Kernkraftwerken wird flüssiges Natrium als Kühlmittel eingesetzt, da es ein guter Wärmeleiter ist. Natrium ist bei Temperaturen von 98 °C bis 898 °C flüssig, daher kann es bei den in Kernreaktoren herrschenden Temperaturen eingesetzt werden. Wasser wäre bei diesen Temperaturen gasförmig und ist daher als Kühlmittel ungeeignet. Erläutere, welche Gefahren bei der Nutzung von Natrium auftreten können.

5 Mineralwässer enthalten viele gelöste Stoffe, darunter auch Magnesiumverbindungen. Der Massenanteil wird auf den Etiketten angegeben. ↑3 Berechne das Volumen, das du von einem Mineralwasser trinken musst, um deinen Tagesbedarf an Magnesiumverbindungen zu decken.

3 Etikett einer Mineralwasserflasche

6 Professor Robert Wilhelm Bunsen war einer der bedeutendsten Chemiker Deutschlands. Unter anderem entwickelte er auch Nachweismethoden winzigster Stoffportionen. Hiervon handelt auch eine Geschichte, die man sich von ihm erzählt: Bunsen war mit einem Freund in einem Restaurant zum Essen. Es gab Hühnchen. Nachdem sie das Hühnchen aufgegessen hatten, zog Bunsen eine kleine Tüte aus der Tasche und streute ein Pulver über die abgenagten Hühnchenknochen. Am nächsten Tag ging er mit seinem Freund wieder in das Restaurant zum Essen. Diesmal gab es Hühnchensuppe. Beim Essen nahm Bunsen einen Platindraht aus seiner Tasche und tauchte ihn in die Suppe. Als er ihn dann in die Flamme eines ebenfalls mitgebrachten Spiritusbrenners hielt, färbte sich die Flamme rot. Stelle eine Vermutung an, um welchen Stoff es sich bei dem Pulver in der Tüte gehandelt haben könnte. Deute das Ergebnis von Bunsens Untersuchung.

4 Robert Wilhelm Bunsen (1811 bis 1899)

Auf einen Blick

Elementgruppe

Elemente mit ähnlichen Eigenschaften und Reaktionen werden zu Elementgruppen zusammengefasst. Innerhalb der Elementgruppe verändern sich viele Eigenschaften mit zunehmender Atommasse.

Alkalimetalle

Elementgruppe der Elemente der I. Hauptgruppe: Es handelt sich um die Leichtmetalle Lithium, Natrium, Kalium, Rubidium, Caesium und das radioaktive Francium.
Alkalimetalle sind sehr reaktionsfreudig. Sie reagieren mit Sauerstoff zu Alkalimetalloxiden. Mit Wasser reagieren sie heftig. Die Alkalimetalle kommen in der Natur nur in Verbindungen vor.

Hinweis auf Alkalimetalle

Die Alkalimetalle und ihre Verbindungen zeigen typische Verfärbungen der nicht leuchtenden Brennerflamme.

Lithium

rot

Natrium

gelb

Kalium

rotviolett

Rubidium

dunkelrot

Caesium

blauviolett

Erdalkalimetalle

Elementgruppe der Elemente der II. Hauptgruppe: Es handelt sich um die Leichtmetalle Beryllium, Magnesium, Calcium, Strontium, Barium und das radioaktive Radium.
Diese Elemente sind nicht so reaktionsfreudig wie die Alkalimetalle. Sie reagieren mit Sauerstoff zu ihren Oxiden. Die Reaktionsfähigkeit mit Wasser nimmt mit steigender Ordnungszahl zu. Die Erdalkalimetalle kommen in der Natur nur in Verbindungen vor.

Hinweis auf Erdalkalimetalle

Einige Erdalkalimetalle und ihre Verbindungen zeigen typische Verfärbungen der nicht leuchtenden Brennerflamme.

Calcium

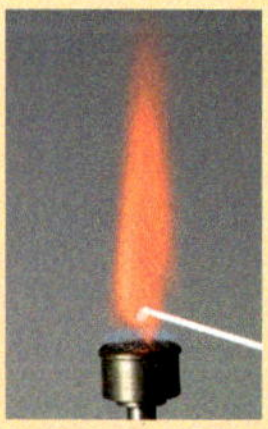

ziegelrot

Strontium

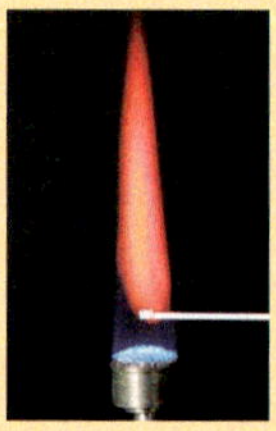

rot

Barium

grün

Halogene und Edelgase

Licht kann durch verschiedene Leuchtmittel wie Glühlampen, Energiesparlampen, Plasmakugeln oder Neonröhren erzeugt werden. In vielen von ihnen befinden sich Edelgase und bei einigen Typen dazu noch Halogene.

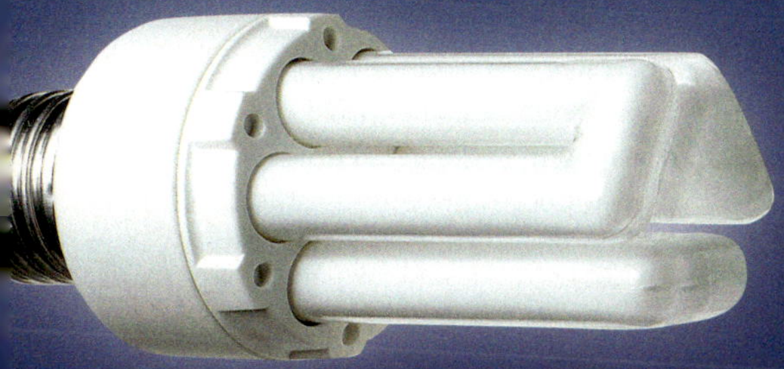

- Welche Stoffe gehören zu den Halogenen und den Edelgasen?
- Welche Eigenschaften haben diese Stoffe und wozu werden sie verwendet?
- Welche biologische Bedeutung haben Halogene?

Die Elemente der VII. Hauptgruppe

Halogenlampen werden als moderne Leuchtmittel verwendet. Ihre Füllungen enthalten Zusätze von Brom oder Iod. Hierdurch kann die Temperatur der Glühwendel und damit auch die Lichtausbeute erhöht werden. Welche Gemeinsamkeiten zeigen Brom und Iod? Gibt es weitere Stoffe mit ähnlichen Eigenschaften?

1 Halogenbeleuchtung

2 Stoffprobe und Molekülmodell von Chlor

Chlor Bei 20 °C ist Chlor ein gelbgrünes Gas (griech. chloros – gelbgrün) mit stechendem Geruch. Es ist aus zweiatomigen Molekülen aufgebaut (Molekülformel: Cl_2). Dieses Nichtmetall ist sehr reaktionsfähig und reagiert mit den meisten Elementen schon bei Zimmertemperatur. Aufgrund seiner Reaktivität ist Chlor ein gefährliches Atemgift. Chlor ist in Wasser mäßig löslich. In einem Liter Wasser lösen sich bei 20 °C etwa 2,3 Liter Chlorgas. Die 0,4 bis 0,5%ige wässrige Lösung wird als Chlorwasser bezeichnet. In der Natur kommt Chlor nicht elementar, sondern nur gebunden vor. Aus diesen Verbindungen wird es mithilfe des elektrischen Stroms gewonnen.

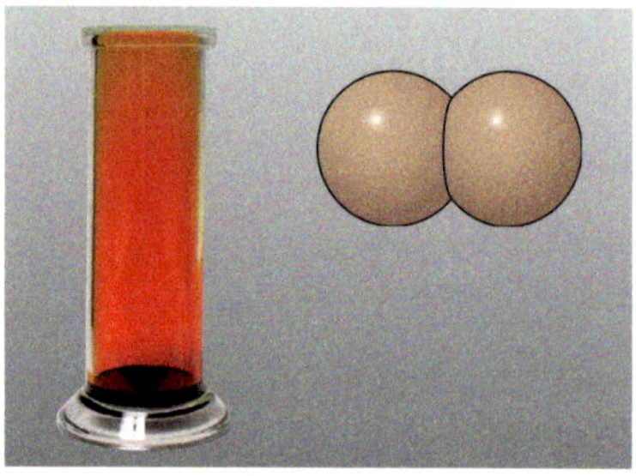

3 Stoffprobe und Molekülmodell von Brom

Brom Auch Brom ist aus zweiatomigen Molekülen aufgebaut (Molekülformel: Br_2). Es ist bei 20 °C eine dunkelrotbraune Flüssigkeit und somit das bei Zimmertemperatur einzige flüssige Nichtmetall. Schon bei dieser Temperatur bilden sich braune Dämpfe, die einen unangenehmen Geruch (griech. bromos – Gestank) aufweisen und giftig sind. Auf der Haut führt Brom zu schmerzhaften Verätzungen. Ähnlich wie Chlor ist Brom sehr reaktionsfähig. In Wasser ist Brom nur wenig löslich, die gesättigte Lösung enthält etwa 3,5 % Brom. In der Natur kommt es wie Chlor nur in Form von Verbindungen vor. Es kann durch Reaktion dieser Verbindungen mit Chlor gewonnen werden.

4 Stoffprobe und Molekülmodell von Iod

Iod Das Nichtmetall Iod liegt bei Zimmertemperatur in Form von weichen, grauvioletten, metallisch glänzenden Kristallen vor. Wie Chlor und Brom ist es aus zweiatomigen Molekülen aufgebaut (Molekülformel: I_2). Schon bei leichter Erwärmung bildet Iod violette Dämpfe (griech. ioeides – veilchenfarbig), die stark schleimhautreizend wirken. Iod ist wesentlich weniger reaktionsfähig als Chlor und Brom. In Wasser ist es kaum löslich. Es löst sich aber in Alkohol. Diese braune Lösung wurde früher zur Desinfektion von Wunden verwendet.

Auch Iod kommt in der Natur nur in Form von Verbindungen vor und kann ebenso wie Brom durch Reaktion dieser Verbindungen mit Chlor gewonnen werden.

Die Familie findet sich Auch das Element Fluor (Molekülformel: F_2) zeigt in den Eigenschaften viele Gemeinsamkeiten mit Chlor, Brom und Iod. Fluor, Chlor, Brom und Iod sind die wichtigsten Elemente der VII. Hauptgruppe im Periodensystem der Elemente. Alle vier Elemente sind Nichtmetalle und aus zweiatomigen Molekülen aufgebaut. Sie haben im gasförmigen Zustand einen stechenden Geruch und sind Atemgifte. Auch in ihrem Reaktionsverhalten sind sie sehr ähnlich. Daher werden sie zur Elementgruppe der **Halogene** (griech. hals – Salz; gennan – bilden) zusammengefasst. Zu den Halogenen zählt weiterhin das Element Astat (At).

EXPERIMENT 1 [L]
Wirkung von Chlor auf Blütenblätter.
Vorsicht! Abzug! Ein trockener Standzylinder wird mit Chlor (T, N) gefüllt. Es werden farbige Blütenblätter dazugegeben. Der Standzylinder wird verschlossen.

Eigenschaften der Halogene

Halogen	Molekülformel	Farbe des Gases	Schmelztemperatur in °C	Siedetemperatur in °C	Löslichkeit in Wasser	Reaktionsfähigkeit
Fluor	F_2	schwach grünlich	–220	–188	reagiert mit Wasser	abnehmend
Chlor	Cl_2	grüngelb	–101	–35	mäßig	
Brom	Br_2	dunkelrotbraun	–7	58	gering	
Iod	I_2	blauviolett	114	183	schlecht	

Bedeutung der Halogene Chlor wirkt auf Mikroorganismen tödlich. Daher wird es zur Desinfektion, z. B. in Schwimmbädern, eingesetzt. Da es auch für den Menschen giftig ist, ist im Umgang mit Chlor besondere Vorsicht geboten. In der Chemieindustrie ist Chlor ein wichtiger Ausgangsstoff für viele Produkte des Alltags. Hierzu gehören Kunststoffartikel aus Polyvinylchlorid (PVC), Pflanzenschutzmittel, Lösemittel, Medikamente und Farbstoffe.
Fluorhaltige Verbindungen werden in geringen Mengen Zahnpasten und fluoriertem Speisesalz zugesetzt, um Karies vorzubeugen. Auch zur Herstellung von Kunststoffen wie Teflon® wird Fluor benötigt. Brom und Bromverbindungen werden in der Medizin und in der Fotografie benutzt. Iod und seine Verbindungen haben für die Industrie eine weit geringere Bedeutung als die übrigen Halogene. Für den menschlichen Organismus sind sie jedoch sehr wichtig. So werden dem Speisesalz Iodverbindungen zugefügt, um Erkrankungen der Schilddrüse vorzubeugen. Während Iod für Mikroorganismen tödlich wirkt, ist es für den Menschen nur gesundheitsschädlich.

5 Bleichende Wirkung von Chlor

Aufgaben

1 Erläutere, wie sich die Schmelz- und Siedetemperaturen sowie die Wasserlöslichkeit innerhalb der Elementgruppe der Halogene verändern.

2 Nenne Kennbuchstaben und Gefahrenbezeichnung von Chlor, Brom und Iod.

3 Informiere dich, welche chlorhaltigen Stoffe im Haushalt verwendet werden.

4 Beim Experimentieren mit Brom müssen Schutzhandschuhe getragen werden. Außerdem muss unter einem Abzug gearbeitet werden. Begründe diese Schutzmaßnahmen.

5 Begründe, warum Iodtinktur (eine Lösung von Iod in Alkohol) früher zur Wunddesinfektion eingesetzt wurde.

Halogene – die Salzbildner

Halogene kommen in der Natur nur in Form ihrer Verbindungen vor. Natriumchlorid, eine der wichtigsten Halogenverbindungen, kommt mit einem Massenanteil von 2,8 % in den Ozeanen gelöst vor.
Welche Eigenschaften hat Natriumchlorid? Welche weiteren Halogenverbindungen sind von Bedeutung?

1 In den Ozeanen sind gewaltige Mengen an Chlor- und Bromverbindungen gelöst.

Metallhalogenide Halogene reagieren mit unedlen Metallen. Kommt Chlor mit Natrium in Kontakt, so entstehen nach einiger Zeit weiße Kristalle. ↑3 Wird das Natrium erhitzt, verläuft diese Reaktion sehr rasch. Dabei kommt es zu heftigen Wärme- und Lichterscheinungen.

3 Natrium und Chlor nach zwei Tagen im Standzyliner

2 Reaktion von Natrium mit Chlor im Reaktionsrohr

Bei der Reaktion von Natrium mit Chlor entsteht Natriumchlorid, das im Alltag als Kochsalz oder einfach als Salz bezeichnet wird.

Natrium (s) + Chlor (g) ⟶ Natriumchlorid (s) | exotherm

$2\,Na\,(s) + Cl_2\,(g) \longrightarrow 2\,NaCl\,(s)$ | exotherm

Ähnliche Stoffe wie Kochsalz werden häufig auch **Salze** genannt.
Auch andere Metalle reagieren mit Chlor. Bei der Reaktion von Chlor mit Kalium entsteht Kaliumchlorid, bei der Reaktion mit Zink Zinkchlorid. Die Verbindungen von Metallen mit Chlor werden allgemein als **Chloride** bezeichnet. Ebenso reagieren die anderen Halogene mit Metallen zu kristallinen Stoffen. So entsteht bei der Reaktion von Brom mit Aluminium Aluminium**bromid**. ↑E.2 Wenn Fluor mit Zink reagiert, entsteht Zink**fluorid** und bei der Reaktion von Magnesium mit Iod bildet sich Magnesium**iodid**. Fluoride, Chloride, Bromide und Iodide werden zur Stoffgruppe der **Halogenide** zusammengefasst.

Halogene reagieren mit Metallen zu Metallhalogeniden.

EXPERIMENT 2 [L]

Chemische Reaktion von Brom mit Aluminium.

Vorsicht! Abzug! Schutzbrille!
Ein trockenes Reagenzglas wird mit Bromdampf (T+, C, N) gefüllt. Hierzu werden Aluminiumstücke gegeben. Das Reagenzglas wird mit einem Wattebausch verschlossen. Das Reagenzglas wird so lange in der Brennerflamme erhitzt, bis das Aluminium aufglüht.

Selbst untersucht

3 Prüfe die Löslichkeit von Metallhalogeniden in Wasser.

Fülle drei Reagenzgläser zu einem Viertel mit Wasser. Gib in je ein Reagenzglas mit dem Spatel etwas Natriumchlorid, Natriumbromid bzw. Natriumiodid. Verschließe die Reagenzgläser mit Stopfen und schüttle. Beobachte. Wiederhole die Zugabe, bis sich die Stoffe nicht mehr auflösen.
Charakterisiere die Löslichkeit der Metallhalogenide.
Entsorgung: Lösungen in den Sammelbehälter für Abwasser geben.

Eigenschaften von Metallhalogeniden Viele Eigenschaften des bedeutsamsten Chlorids, des Natriumchlorids, sind aus dem Alltag bekannt. Es kommt kristallin vor und ist gut in Wasser löslich. Auch Natriumbromid und -iodid sind gut wasserlöslich. ↑E.3 Die meisten Metallchloride, -bromide und -iodide sind wasserlöslich. Während Natriumfluorid ebenfalls in Wasser gut löslich ist, sind die meisten Metallfluoride dagegen nur schwer löslich.
Metallhalogenide besitzen oft ähnliche Eigenschaften. So sind ihre Schmelztemperaturen häufig hoch. Einige Metallhalogenide sind feste Stoffe, die in typischen Kristallformen auftreten.

Verhältnisformeln einiger Metallhalogenide

Metallhalogenid	Verhältnisformel
Natriumchlorid	$NaCl$
Natriumbromid	$NaBr$
Natriumiodid	NaI
Kaliumchlorid	KCl
Kaliumbromid	KBr
Kaliumiodid	KI
Magnesiumchlorid	$MgCl_2$
Magnesiumbromid	$MgBr_2$
Magnesiumiodid	MgI_2
Aluminiumchlorid	$AlCl_3$
Aluminiumbromid	$AlBr_3$
Aluminiumiodid	AlI_3

Verwendung von Metallhalogeniden Einige Fluoride sind giftig. Sie werden als Konservierungsmittel für Holz und Leder eingesetzt. Weiterhin werden sie in sehr geringen Mengen als Zusatz in Speisesalz und Zahnpflegemitteln verwendet, um die Zähne vor Karies zu schützen.
Natriumchlorid ist einer der wichtigsten Ausgangsstoffe der chemischen Industrie. Chloride haben auch eine große biologische Bedeutung. Sie sind in allen Körperflüssigkeiten enthalten. Der durchschnittliche Tagesbedarf an Natriumchlorid eines Erwachsenen beträgt 2 bis 3 g. Bei starkem Schwitzen kann er bis auf 20 g ansteigen. Eine zu hohe Aufnahme von Natriumchlorid kann zu gesundheitlichen Problemen wie Bluthochdruck führen.
Bromide finden in der Fotografie Verwendung. So wird für die lichtempfindliche Schicht des Fotopapiers Silberbromid benutzt. Kaliumbromid dient als Entwicklerzusatz. Silberiodid wird ebenfalls in der Fotografie verwendet und zum künstlichen Auslösen von Regen. ↑4
Iodkaliumiodid, die wässrige Lösung von Iod und Kaliumiodid, wird als Nachweismittel für Stärke benutzt.

4 Flugzeug beim Ausbringen von Silberiodid zum Auslösen von Regen

Aufgaben

1 Bei chemischen Reaktionen werden Stoffe umgewandelt und es entstehen neue Stoffe mit anderen Eigenschaften. Belege diese Aussage anhand der Reaktion von Natrium mit Chlor.

2 Formuliere die Reaktionsgleichungen für folgende Reaktionen:
a Aluminium mit Chlor
b Magnesium mit Brom
c Kalium mit Iod

3 Welche Stoffe müssen miteinander reagieren, damit folgende Stoffe entstehen?
a Silberiodid
b Eisenbromid
c Kaliumchlorid

4 Eine ausgewogene Ernährung enthält auch Nahrungsmittel mit Fluor- und Iodverbindungen. Erkunde, welche Nahrungsmittel einen hohen Gehalt dieser Stoffe aufweisen.

Welt der Chemie

1 Iodiertes Speisesalz

Iod – ein lebensnotwendiges Spurenelement

Der Körper benötigt Iod, um die Schilddrüsenhormone Thyroxin und Triiodthyronin aufzubauen. Diese Hormone regeln die Entwicklung des Körpers während des Wachstums, die Reifung des Gehirns, der Lungen und der Knochen und sie steuern den Energiestoffwechsel.

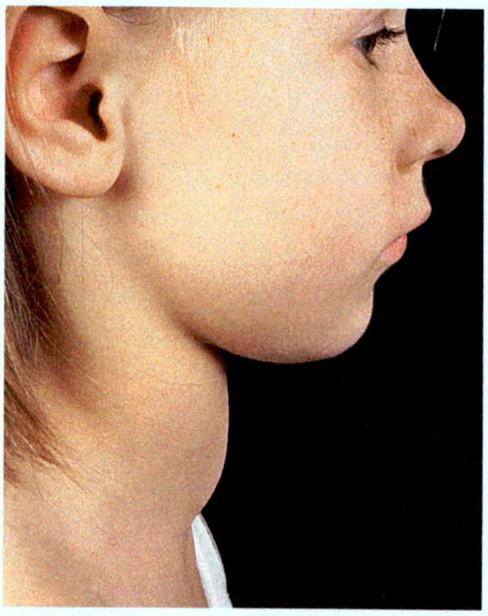

2 Kropfbildung bei einem Kind

Iod muss in Form von Iodverbindungen regelmäßig mit der Nahrung aufgenommen werden. Wird zu wenig aufgenommen, vergrößert sich die Schilddrüse. Dadurch wird das wenige zur Verfügung stehende Iod bestmöglich verwertet. Eine Vergrößerung der Schilddrüse kann zur Bildung eines Kropfes führen. Anzeichen für einen Iodmangel sind leichte Ermüdbarkeit, ständiges Frieren, Konzentrationsschwäche, Antriebslosigkeit und Durchblutungsstörungen. Ein Iodmangel bei Schwangeren gefährdet die geistige Entwicklung des Kindes im Mutterleib.
Um einem natürlichen Iodmangel vorzubeugen wird Speisesalz vorwiegend iodiert angeboten.
Besonders iodhaltige Nahrungsmittel sind Seefische wie Kabeljau, Schellfisch und Seelachs.

Iodbedarf bei Kindern, Jugendlichen und Erwachsenen	
Kinder bis 10 Jahre	100 bis 140 µg/Tag
Jugendliche und Erwachsene	150 bis 200 µg/Tag
Schwangere und Stillende	230 bis 260 µg/Tag

3 Sushi – roher Fisch in Reis und Meeresalgen eingewickelt – ist besonders iodhaltig.

4 Auch im Tierreich spielt Iod eine wichtige Rolle. Ohne die Aufnahme von Iodverbindungen würde sich die Kaulquappe nicht zum Frosch entwickeln, sondern im Larvenstadium verharren.

Ermitteln der Verhältnisformel einer chemischen Verbindung

Durch ein Experiment wurde ermittelt, dass 0,5 g Magnesium mit 5,3 g Iod zu 5,8 g Magnesiumiodid reagiert haben. Aus diesem Massenverhältnis lässt sich die Verhältnisformel der Verbindung ermitteln.

1 Iod

2 Magnesium

3 Magnesiumiodid

1 *Ermittle das Massenverhältnis der in einer Verbindung gebundenen Elemente.*
Führe dazu ein quantitatives Experiment durch oder entnimm die Werte aus entsprechenden Tafelwerken.

Das Massenverhältnis von Magnesium und Iod in Magnesiumiodid beträgt:

$m(\text{Mg}) : m(\text{I}) = 0{,}5\,\text{g} : 5{,}3\,\text{g}$

2 *Erstelle für die in der Verbindung gebundenen Elemente die Formel zur Berechnung der Teilchenanzahl N.*
Nutze dabei die Formel:

$$N(\text{Element}) = \frac{m(\text{Stoffportion des Elements})}{m(1\ \text{Atom des Elements})}$$

$$N(\text{Mg}) = \frac{m(\text{Mg})}{m(1\ \text{Magnesiumatom})}$$

$$N(\text{I}) = \frac{m(\text{I})}{m(1\ \text{Iodatom})}$$

3 *Berechne das Teilchenanzahlverhältnis der in der Verbindung gebundenen Elemente.*
Werden für die Elemente z. B. die Zeichen „X" und „Z" verwendet, dann gilt allgemein:

$$\frac{N(\text{X})}{N(\text{Z})} = \frac{m(\text{X}) \cdot m(1\ \text{Z-Atom})}{m(1\ \text{X-Atom}) \cdot m(\text{Z})}$$

$$\frac{N(\text{Mg})}{N(\text{I})} = \frac{m(\text{Mg}) \cdot m(1\ \text{Iodatom})}{m(1\ \text{Magnesiumatom}) \cdot m(\text{I})}$$

$$\frac{N(\text{Mg})}{N(\text{I})} = \frac{0{,}5\,\text{g} \cdot 127\,\text{u}}{24\,\text{u} \cdot 5{,}3\,\text{g}}$$

$$\frac{N(\text{Mg})}{N(\text{I})} = \frac{63{,}5}{127{,}2} = \frac{1}{2}$$

4 *Stelle die Verhältnisformel der Verbindung auf.*
Schreibe die Symbole der in der Verbindung gebundenen Elemente auf und gib jeweils hinter dem Symbol tiefgestellt die Zahl aus dem Teilchenanzahlverhältnis an.

$$\frac{N(\text{Mg})}{N(\text{I})} = \frac{1}{2}$$

Die Verhältnisformel für Magnesiumiodid lautet:
Mg_1I_2
Vereinfacht wird geschrieben: $\mathbf{MgI_2}$

selbst erforscht

Fotografie

Im Jahr 1835 gelang es dem Franzosen JACQUES DAGUERRE (1787 bis 1851) erstmalig mithilfe einer mit Silberiodid beschichteten Platte, ein fotografisches Bild herzustellen. Seither haben die Fotos und Kinofilme in unserem Leben eine immer größere Bedeutung erlangt. Diese nahm durch die Entwicklung der Farbfotografie und der digitalen Fotografie noch weiter zu.

- Was sind die Grundlagen des fotografischen Prozesses?
- Wodurch unterscheiden sich Schwarz-Weiß-Fotografie und Farbfotografie voneinander?
- Wie ist der Weg vom Fotografieren bis zum fertigen Foto?

Materialien für die Projektbearbeitung Nutzt die auf diesen Seiten enthaltenen Informationen und Experimente sowie Materialien aus anderen Quellen zur Bearbeitung eurer Fragen.

1 Die ersten Fotografien werden nach ihrem Erfinder als Daguerreotypien bezeichnet.

Entstehung eines Schwarz-Weiß-Fotos

Belichten

In einer Dunkelkammer wird bei Rotlicht das lichtempfindliche Fotopapier mit dem Negativbild kurz belichtet.

Durch das Licht werden die Silberiodidkristalle zum Teil in Silber und Iod zerlegt. Es entstehen winzige Silberkeime.

Entwickeln

Das Foto wird entwickelt. In der Entwicklerlösung werden die belichteten Stellen schwarz, die unbelichteten bleiben weiß.

Belichtete Kristalle werden vollständig in Silber und Iod zerlegt.

Stoppen

Im Stoppbad wird die Entwicklung des Bildes beendet.

Die Entwicklerlösung wird zerstört.

Fixieren

Das Bild wird lichtunempfindlich und haltbar gemacht. Dazu kommt es in ein Fixierbad und wird anschließend gründlich gewässert und getrocknet.

Die noch lichtempfindlichen Silberiodidkristalle werden aus dem Fotopapier herausgelöst.

1 Stelle ein einfaches Foto her.
Tauche ein Filterpapier mit einer Pinzette in eine Petrischale mit 5%iger Kaliumbromidlösung und trockne es, bis es nur noch leicht feucht ist. Tauche das Papier kurz in eine Petrischale mit 5%iger Silbernitratlösung (Xi). Lass es abtropfen. Stecke es in eine Hülle aus Aluminiumfolie, in die du vorher auf einer Seite ein Motiv geschnitten hast. Beleuchte die Seite mit dem Motiv etwa 5 min lang sehr stark. Tauche das umhüllte Papier eine Minute in eine Petrischale mit 5%iger Natriumthiosulfatlösung und entferne anschließend mit einer Pinzette vorsichtig die Aluminiumfolie. Trockne dein Foto.
Notiere die Beobachtungen.

2 Untersuche die Einwirkung von Licht auf Silberiodid.
Fülle zwei Reagenzgläser mit jeweils 3 ml 5%iger Kaliumiodidlösung. Gib das gleiche Volumen 5%iger Silbernitratlösung (Xi) dazu. Stelle das eine Reagenzglas dunkel, z. B. in einen Schrank, das andere in helles Licht.
Vergleiche die Proben nach etwa 10 min miteinander. Notiere deine Beobachtungen.

3 Untersuche die Einwirkung von Licht auf Silberbromid.
Fülle ein Reagenzglas mit 3 ml 5%iger Kaliumbromidlösung. Gib das gleiche Volumen 5%iger Silbernitratlösung (Xi) dazu. Klebe einen 2 cm breiten Streifen aus Aluminiumfolie mit durchsichtigem Klebestreifen wie einen Ring um das Reagenzglas. Belichte das Reagenzglas etwa 10 min.
Notiere deine Beobachtungen.

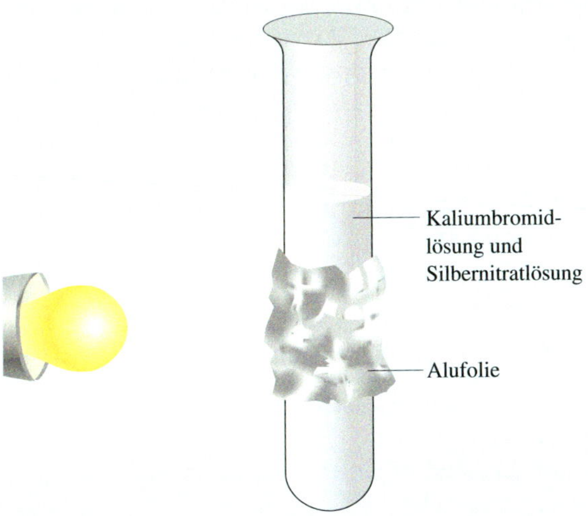

4 Stelle ein Foto her.
Verrühre in 25 ml kaltem Wasser 3 g Kaliumbromid und 5 g Gelatinepulver. Erwärme das Gemisch, bis eine klare Lösung entsteht. Trage diese Lösung mit einem Pinsel auf ein DIN A5 großes Stück Zeichenkarton auf. Trockne mit einem Föhn. Lege anschließend den Zeichenkarton 3 min lang in eine 5%ige Silbernitratlösung (Xi). Lass den Karton im Dunkeln trocknen.
Kopiere das zu entwickelnde Motiv auf eine Folie. Lege diese Folie auf den Zeichenkarton und setze ihn einer hellen Lichtquelle aus. Tauche den Zeichenkarton 1 min in eine Petrischale mit 5%iger Natriumthiosulfatlösung.
Notiere deine Beobachtungen.

2 Schwarz-Weiß-Negativ und -Positiv

5 Untersuche die Wirkung von „Entwicklerlösung".
Stelle aus 2 ml 5%iger Kaliumbromidlösung und 1 ml 5%iger Silbernitratlösung (Xi) einen frischen Silberbromidniederschlag her. Versetze diesen mit 1 ml fotografischer Entwicklerlösung (Xn, C).
Notiere deine Beobachtungen.

Hinweise für die Projektarbeit Stellt euch Fragen, die ihr zum Thema Fotografie beantworten bzw. untersuchen wollt. Bildet Gruppen, die die einzelnen Schwerpunkte bearbeiten. Überlegt, wie ihr eure Ergebnisse den anderen Gruppen und der Öffentlichkeit vorstellen möchtet.

Reaktion von Halogenen mit Wasserstoff

Vulkanische Gase enthalten häufig auch ein besonders aggressives, giftiges Gas, das bei der Reaktion von Chlor mit Wasserstoff entsteht. Der Stoff wird in der Industrie vielseitig verwendet. Um welchen Stoff handelt es sich? Welche Eigenschaften hat er?

1 Vulkanausbruch

EXPERIMENT 4 [L]

Reaktion von Wasserstoff mit Chlor.

Vorsicht! Abzug! Ein Standzylinder wird mit Chlor (T, N) gefüllt. In diesen wird ein Glasrohr mit einer Wasserstoffflamme (F+, *Knallgasprobe!*) eingeführt.
Das Glasrohr ist im Standzylinder langsam nach unten zu führen. Der Standzylinder wird dabei mit einer Abdeckplatte abgedeckt.

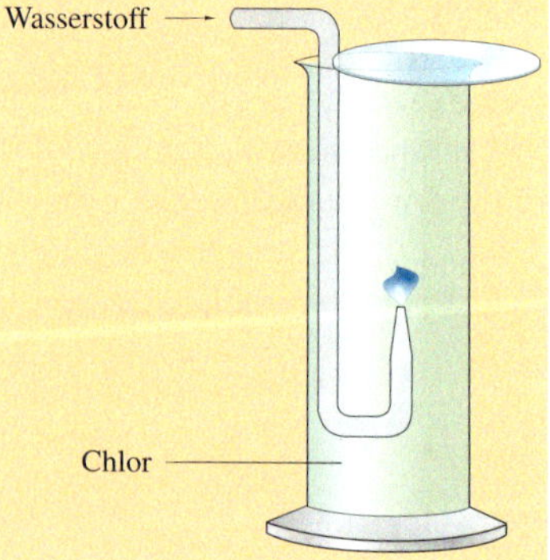

Herstellung von Halogenwasserstoffen Wasserstoff reagiert mit Chlor in ähnlicher chemischer Reaktion wie mit Sauerstoff. Wird eine Wasserstoffflamme in Chlor getaucht, so beobachtet man eine fahlweiße Flamme. ↑E.4 Bei der chemischen Reaktion entsteht ein farbloses Gas. Diese chemische Verbindung aus Chlor und Wasserstoff heißt Chlorwasserstoff. Bei der Synthese von Chlorwasserstoff wird Energie in Form von Wärme und Licht frei, es handelt sich also um eine exotherme Reaktion.

Chlor (g) + Wasserstoff (g) ⟶ Chlorwasserstoff (g) | exotherm
Cl_2 (g) + H_2 (g) ⟶ 2 HCl (g) | exotherm

Man kann Chlor und Wasserstoff miteinander mischen, ohne dass eine chemische Reaktion eintritt. Allerdings reichen schon ein Lichtblitz oder Wärmeeinwirkung aus, um das Gemisch der beiden Stoffe zu zünden. Der Lichtblitz bzw. die Wärme bewirken die Aktivierung für die chemische Reaktion. Da dann die Bildung von Chlorwasserstoff explosionsartig verläuft, nennt man Gemische aus etwa gleichen Volumenanteilen Wasserstoff und Chlor Chlorknallgas.
Auch die anderen Halogene reagieren mit Wasserstoff. Die Reaktionsprodukte Fluorwasserstoff, Chlorwasserstoff, Bromwasserstoff und Iodwasserstoff sind **Halogenwasserstoffe**.

Fluor + Wasserstoff ⟶ Fluorwasserstoff
Brom + Wasserstoff ⟶ Bromwasserstoff
Iod + Wasserstoff ⟶ Iodwasserstoff

Halogen + Wasserstoff ⟶ Halogenwasserstoff

Halogene reagieren mit Wasserstoff zu Halogenwasserstoffen.

Eigenschaften von Halogenwasserstoffen Chlorwasserstoff ist bei Raumtemperatur ein stechend riechendes, giftiges und farbloses Gas, das auf Schleimhäute, Augen, Atmungsorgane und feuchter Haut ätzend wirkt. Kommt Chlorwasserstoffgas mit Luftfeuchtigkeit in Berührung, so bildet sich ein weißer Nebel. Dies ist auf die sehr gute Löslichkeit von Chlorwasserstoff in Wasser zurückzuführen. In einem Liter Wasser lösen sich davon bei 20 °C unter starker Wärmeentwicklung etwa 450 Liter. Die entstehende Lösung ist eine saure Lösung und wird als Salzsäure bezeichnet. ↑E.5
Auch Fluorwasserstoff, Bromwasserstoff und Iodwasserstoff zeigen ähnliche Eigenschaften. In Wasser sind diese gasförmigen Stoffe sehr gut löslich und bilden ebenfalls saure Lösungen.
Halogenwasserstoffe sind Molekülverbindungen. Die Moleküle dieser Verbindungen sind jeweils aus einem Halogenatom und einem Wasserstoffatom aufgebaut.

EXPERIMENT 5 [L]
Lösen von Chlorwasserstoff in Wasser.
Vorsicht! Abzug! Schutzbrille!
Ein trockener Rundkolben wird mit Chlorwasserstoff (T, C) gefüllt und in eine mit Wasser und Universalindikatorlösung gefüllte Kistallisierschale getaucht. Mit einer Pipette ist etwas Wasser einzuspritzen.

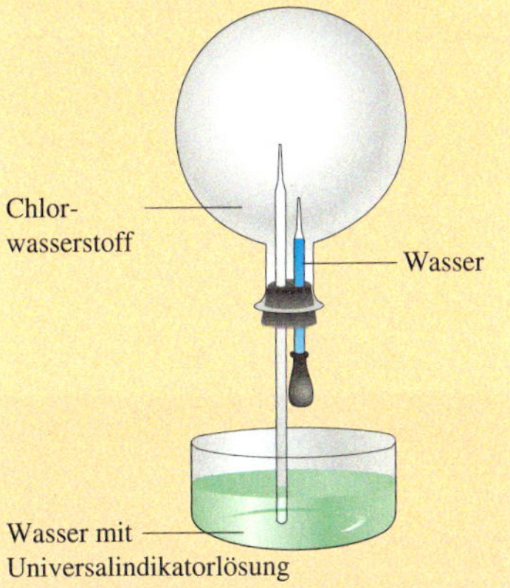

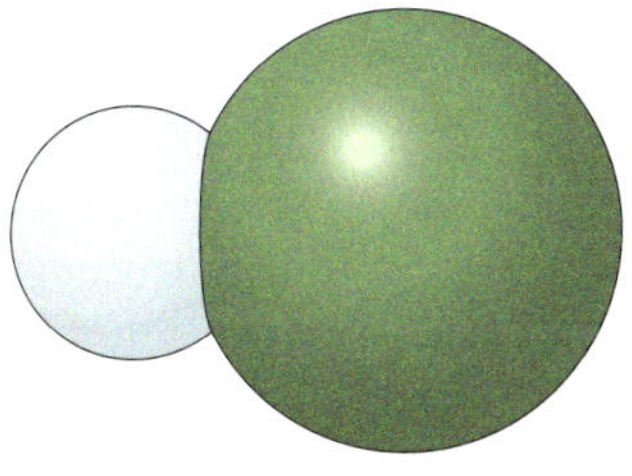
HCl

2 Molekülmodell und Formel von Chlorwasserstoff

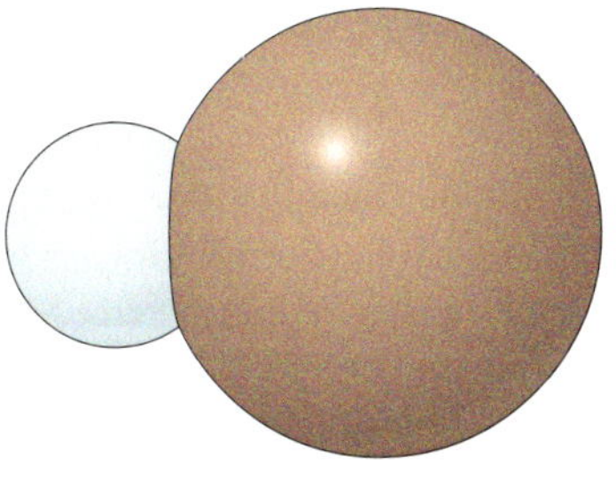
HBr

3 Molekülmodell und Formel von Bromwasserstoff

Bedeutung von Halogenwasserstoffen Eine der wichtigsten Grundchemikalien der chemischen Industrie ist Chlorwasserstoff und dessen wässrige Lösung, die Salzsäure. Mit ihrer Hilfe werden z. B. Kunststoffe hergestellt und Metalloberflächen gereinigt. Im Labor zählt sie zu den am häufigsten verwendeten Chemikalien. Die wässrige Lösung von Fluorwasserstoff, die Flusssäure, greift Glas und Porzellan an. Sie muss in Kunststoffgefäßen aufbewahrt werden und findet unter anderem zum Ätzen von Glas Verwendung. Bromwasserstoff und die wässrige Lösung von Bromwasserstoff werden hauptsächlich zur Herstellung von Metallbromiden genutzt. Iodwasserstoff und die wässrige Lösung von Iodwasserstoff werden ebenso hauptsächlich zur Herstellung von Metalliodiden eingesetzt.

4 Mit Flusssäure geätzter Lampenschirm

Aufgaben

1 Formuliere die Reaktionsgleichungen für die Bildung von Fluorwasserstoff, Bromwasserstoff und Iodwasserstoff aus den Elementen.

2 Vergleiche die Reaktionen von Wasserstoff mit Sauerstoff und von Wasserstoff mit Chlor.

3 Erstelle eine tabellarische Übersicht über die Eigenschaften von Fluor-, Chlor-, Brom- und Iodwasserstoff. Verwende dabei auch Tabellenwerke.

4 Der in Experiment 5 eingesetzte Rundkolben muss vollständig trocken sein, damit der Versuch gelingt. Begründe.

Die Elemente der VIII. Hauptgruppe

Las Vegas – eine Flut blinkender, farbiger Lichter erhellt die Nacht.
Welche Stoffe werden beim Bau der Lampen verwendet? Durch welche Stoffe kann die Farbenvielfalt erreicht werden?

1 Las Vegas bei Nacht

2 Argon-Gasentladungslampen mit rotem, blauem und weißem Licht

Die Elementgruppe der Edelgase In „Neonröhren" werden die Gase Neon und Helium einer Hochspannung ausgesetzt. Hierdurch leuchten sie mit rotem bzw. gelbem Licht. Auch das Gas Argon leuchtet beim Anlegen einer Hochspannung. In Abhängigkeit vom Gasdruck leuchtet es rot, stahlblau oder weiß. ↑2
Helium, Neon und Argon stehen zusammen mit den Gasen Krypton, Xenon und Radon in der VIII. Hauptgruppe im Periodensystem der Elemente. Sie bilden die Elementgruppe der **Edelgase**.

Eigenschaften der Edelgase Die Edelgase zeigen in ihren Eigenschaften sehr große Übereinstimmungen. Alle Edelgase sind farb- und geruchlose Gase, die sich aufgrund ihrer niedrigen Siedetemperaturen erst bei sehr tiefen Temperaturen verflüssigen lassen. ↑Tabelle
Dieses ist u. a. auf die Art der kleinsten Teilchen zurückzuführen, aus denen die Edelgase aufgebaut sind. Während in allen anderen Gasen Moleküle vorliegen, sind Edelgase aus einzelnen Atomen aufgebaut.
Das auffälligste Merkmal der Edelgase ist ihre Reaktionsträgheit. Hierauf lässt sich, ähnlich wie bei den reaktionsträgen *Edel*metallen, der Name *Edel*gase zurückführen. Bis 1962 waren keine Verbindungen der Edelgase bekannt. Mittlerweile wurden Verbindungen von Krypton, Xenon und Argon mit Fluor hergestellt.

Eigenschaften der Edelgase

Edelgas	Symbol	Schmelztemperatur	Siedetemperatur
Helium	He	–271 °C (bei 3 MPa)	–269 °C
Neon	Ne	–249 °C	–246 °C
Argon	Ar	–189 °C	–186 °C
Krypton	Kr	–157 °C	–153 °C
Xenon	Xe	–112 °C	–108 °C

3 Beleuchtung einer Sportarena mit Flutlicht

4 Fertigung von Xenon-Scheinwerferlampen für die Automobilindustrie

Edelgase in der Beleuchtungstechnik Edelgase werden zur Erzeugung farbigen Lichts in Gasentladungslampen einer relativ hohen Spannung ausgesetzt. Durch geschickte Wahl des Edelgases und dessen Gasdruck innerhalb der Lampe, kann die Farbe des Lichtes bestimmt werden. Mit niedrigerer Spannung und einem deutlich geringeren Energieverbrauch arbeiten Leuchtstoffröhren. Bei ihnen wird durch die Edelgas-Quecksilberdampffüllung ultraviolettes Licht abgestrahlt. An der Innenwand der Leuchtstoffröhre ist ein Stoff aufgebracht, der das nicht sichtbare ultraviolette Licht in sichtbares Licht umwandelt. Vorteile der Leuchtstoffröhren sind eine im Vergleich zur normalen Glühlampe höhere Lichtausbeute und längere Lebensdauer. Kompakte kreisförmig gebogene, zylinder- oder kugelförmige Leuchtstoffröhren finden in Energiesparlampen Verwendung.
Neben der Verwendung als Leuchtmittel in den Leuchtröhren werden Edelgase überall dort in Leuchtmitteln eingesetzt, wo keine Reaktion mit Luft stattfinden soll. So werden beispielsweise auch normale Glühlampen mit Edelgas gefüllt. Da das Edelgas nicht mit dem heißen Glühdraht reagiert, ist eine über 2500 °C hohe Glühtemperatur und gleichzeitig eine gute Lichtausbeute bei relativ langer Lebensdauer die Folge. Hierzu werden heute hauptsächlich Krypton und Xenon verwendet.

5 Für Energiesparlampen werden kurze Leuchtstoffröhren verwendet. Im Sockel befindet sich ein kleiner Transformator.

6 Historische Glühlampen

Schon gewusst?

Im Vergleich zur Luft bewegt sich Schall in Helium mit der doppelten Geschwindigkeit. Das erklärt nach dem Einatmen von Helium die Veränderung der Stimme zur „Micky-Maus-Stimme“.

Volumen der Edelgase in Luft

Edelgas	Volumen in 1 000 l Luft
Helium	4,6 ml
Neon	18 ml
Argon	9 330 ml
Krypton	1,1 ml
Xenon	0,09 ml

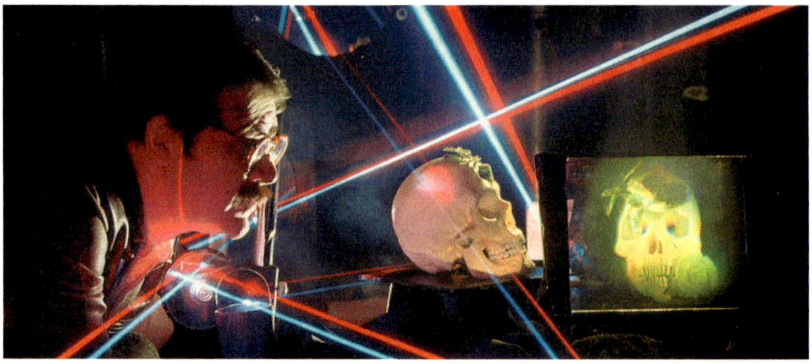

1 Erzeugung des Hologramms eines menschlichen Schädels

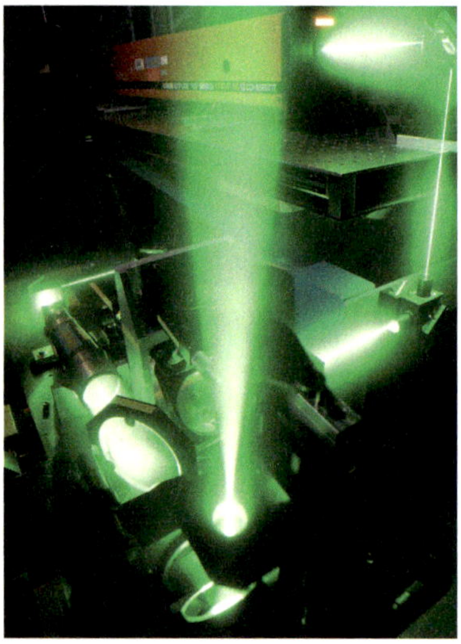

2 Qualitätsprüfung eines Teleskopspiegels mit dem grünen Licht eines Argonlasers

Bedeutung und Verwendung der Edelgase Nach Wasserstoff ist **Helium** das zweithäufigste Element im Weltall. Das Leuchten der Sterne, wie das unserer Sonne, ist auf Vorgänge zurückzuführen, bei denen Wasserstoffatome bei Temperaturen um 15 Millionen °C zu Heliumatomen verschmelzen.

Helium findet als Schutz- und Kühlgas bei verschiedenen technischen Prozessen Verwendung. Zum Erreichen tiefster Temperaturen ist es unersetzbar. Im Gemisch mit 20 % Sauerstoff wird Helium beim Tauchen als Atemgas benutzt. Aufgrund seiner geringen Dichte wird es auch als sichere Füllung für Ballons und Luftschiffe eingesetzt.

Alle Edelgase sind Bestandteile der Luft, wobei **Argon** mit einem Volumenanteil von 0,933 % das häufigste Edelgas auf der Erde ist. Neben der Verwendung in Leuchtmitteln ↑S.65 wird es beim Schweißen als Schutzgas eingesetzt. Es verhindert den Kontakt der heißen Schweißnaht mit Sauerstoff und somit die Oxidation des Metalls. So wäre z. B. ein Schweißen von Aluminium ohne Schutzgas nicht möglich. Argonlaser besitzen in der Technik eine große Bedeutung. Sie kommen in der Augenheilkunde ebenso zum Einsatz wie bei der Qualitätskontrolle von Spezialspiegeln, z. B. in Teleskopen. Mit Argonlasern können Hologramme erzeugt werden. ↑1

Radon ist ein radioaktives Edelgas. An der natürlichen Strahlung auf der Erde hat es den größten Anteil aller natürlich vorkommenden radioaktiven Elemente. In manchen Heilquellen und Heilstollen ist ein hohes Radonvorkommen zu verzeichnen. Die natürliche Strahlung wird dort genutzt, um chronische Leiden, wie rheumatische Erkrankungen, Arthritis und Asthma, zu lindern.

Xenon darf neben seiner Verwendung als Leuchtstoffmittel seit dem Jahr 2005 in Deutschland als Narkosemittel eingesetzt werden.

Aufgaben

1 Erläutere, warum Glühlampen mit Edelgas gefüllt sind.

2 Die Edelgase werden aus der Luft gewonnen, indem diese zunächst so lange abgekühlt wird, bis alle Gase flüssig sind. Dann wird langsam erwärmt. In welcher Reihenfolge werden die Edelgase aufgefangen?

3 Informiere dich über „Tiefenrausch“ und „Taucherkrankheit“. Nutze dafür das Internet.

4 Luftballons auf Jahrmärkten sind mit Helium gefüllt. Begründe.

Entdeckung der Edelgase

1 John W. Rayleigh (1842 bis 1912) erhielt 1904 für die Entdeckung der Edelgase den Nobelpreis für Chemie.

Der Engländer Henry Cavendish (1731 bis 1810) machte im Jahr 1785 bei seinen Versuchen mit Luft eine bemerkenswerte Entdeckung: Als er den in der Luft enthaltenen Sauerstoff in Wasser und den Stickstoff in Salpetersäure überführte, blieb ein Restgas übrig, das 1/120 der eingesetzten Luft ausmachte. Cavendish hatte als erster Forscher Edelgase gewonnen, ohne sich dessen bewusst zu sein. Erst über hundert Jahre später wurde Argon als erstes Edelgas hergestellt. Lord John William Rayleigh (1842 bis 1919) fiel auf, dass aus der Luft isolierter Stickstoff eine größere Dichte besaß als der aus Stickstoffverbindungen gewonnene. Hieraus schlussfolgerte er, dass ein weiteres Gas in der Luft enthalten sein musste. Zusammen mit Sir William Ramsay (1852 bis 1916) gelang es dann 1894, das Argon aus der Luft zu gewinnen. Den Namen Argon erhielt das Gas aufgrund seiner Reaktionsträgheit (griech. argos – träge).

Bereits im Jahr 1895 konnte Ramsay aus dem radioaktiven Mineral Cleveit ein weiteres Edelgas herstellen. Die Existenz dieses Edelgases war schon 30 Jahre vorher während einer Sonnenfinsternis anhand spektralanalytischer Untersuchungen der Materieausbrüche auf der Sonne vorausgesagt worden. Im Sonnenspektrum hatte man die Spektrallinien eines noch unbekannten Elements gefunden. Dieses Element erhielt daher den Namen Helium (griech. helios – Sonne).

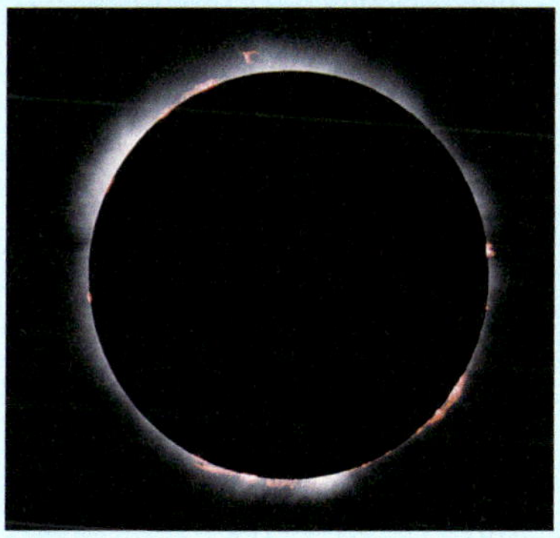

2 Sonnenfinsternis

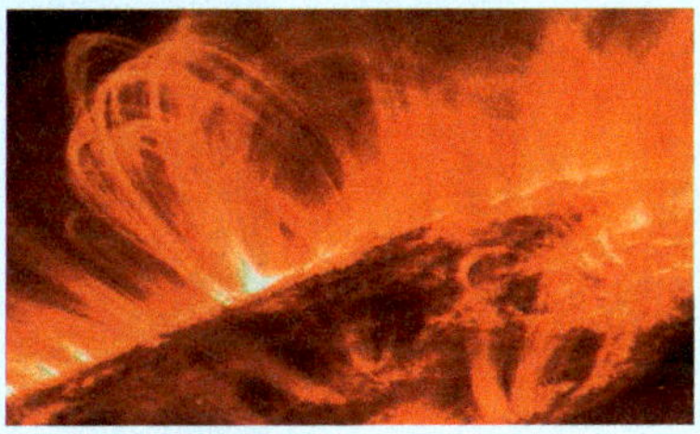

3 Materieausbrüche auf der Sonne

4 Historischer Spektralapparat

Entdeckung der Edelgase

Edelgas	Jahr der Entdeckung	Entdecker
Helium	1895	William Ramsay
Neon	1898	William Ramsay
Argon	1894	John W. Rayleigh und William Ramsay
Krypton	1898	William Ramsay und Morris W. Travers
Xenon	1898	William Ramsay und Morris W. Travers
Radon	1900	Friedrich E. Dorn

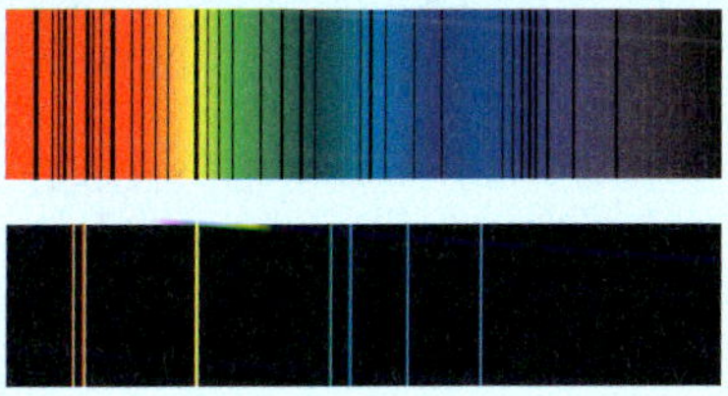

5 Spektrum des Sonnenlichts mit den dunklen fraunhoferschen Linien und Spektrum des Heliums

1895 gelang dem deutschen Ingenieur Carl von Linde (1842 bis 1934) die Verflüssigung von Luft. Damit waren die technischen Grundlagen zur Isolierung der Edelgase Neon (griech. neos – neu), Krypton (griech. kryptos – verborgen) und Xenon (griech. xenos – fremd) durch Ramsay im Jahr 1898 geschaffen.

weiter gedacht

1 Halogenlampen enthalten neben der Edelgasfüllung auch etwas Brom oder Iod. Hierdurch wird eine höhere Glühtemperatur des Glühdrahtes ermöglicht, was eine größere Lichtausbeute und ein weißeres Licht bewirkt. Der Glühdraht besteht hauptsächlich aus dem Metall Wolfram (W). Ab einer Glühtemperatur von etwa 3 000 °C verdampft das Wolfram und der Glühdraht wird dünner. Das Wolfram wandert zur kühleren Glaswand. Dort reagiert es bei etwa 250 °C mit dem Iod zu Wolframiodid (WI_2). Dieser gasförmige Stoff reagiert bei sehr hohen Temperaturen, also an den dünnen Stellen des Glühdrahtes, zu Iod und Wolfram.
Der Wolframdraht wird auf diese Weise wieder „geflickt". Eine Halogenlampe hat dadurch eine zwei- bis dreimal höhere Lebensdauer als eine normale Glühlampe.
Erstelle ein Schema, das die Prozesse innerhalb einer Halogenlampe verdeutlicht. Verwende dabei auch chemische Symbole und Reaktionsgleichungen.

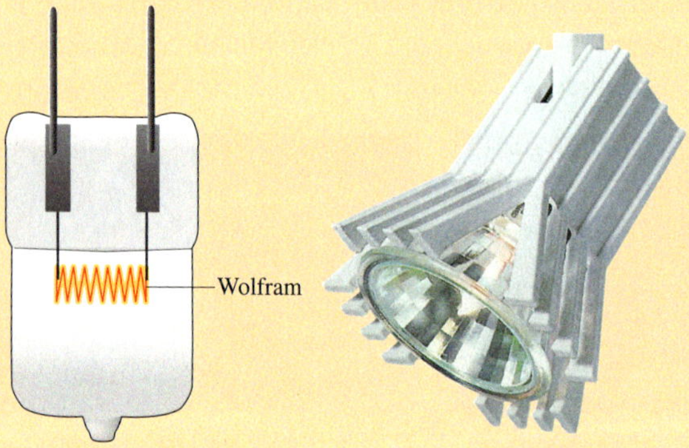

1 Schematische Darstellung einer Halogenlampe

2 In den USA und in der Schweiz wird zur Kariesprophylaxe seit vielen Jahren das Trinkwasser fluoridiert. Recherchiere im Internet Argumente für und gegen diese Maßnahme. Beurteile ihre Zweckmäßigkeit.

3 In einigen Sanitärreinigern sind Chlorverbindungen enthalten. Werden diese zusammen mit sauren Lösungen oder sauren Reinigungsmitteln wie beispielsweise Entkalkern verwendet, kann es zur Bildung von Chlor kommen.
Nenne Gefahren, die für den Anwender bestehen, und zeige auf, wie er sich beim Umgang mit sauren Reinigungsmitteln verhalten sollte.

2 Warnhinweis auf Sanitärreiniger

4 Um Aluminiumwerkteile zu verschweißen, muss das Schutzgasschweißen angewandt werden. Beim Schweißen von Aluminium wird hierbei meistens Argon oder ein Gemisch aus Argon und Helium eingesetzt. Welche Eigenschaft von Argon und Helium begründet deren Eignung als Schutzgas?

3 Schutzgasschweißen eines Aluminiumwerkstücks

5 Helium siedet bei einer Temperatur von –269 °C. Rund um das flüssige Helium bildet sich dabei ein weißer, wallender Nebel. Deute das Entstehen des Nebels.

6 Die Edelgase wurden erst 1894 entdeckt. Stelle Vermutungen darüber an, warum die Entdeckung erst so spät erfolgte.

Auf einen Blick

Halogene

Elementgruppe der Elemente der VII. Hauptgruppe. Es handelt sich um die Nichtmetalle Fluor, Chlor, Brom, Iod und das radioaktive Astat. Halogene sind aus zweiatomigen Molekülen aufgebaut.
Halogene sind sehr reaktionsfreudig, sie reagieren z. B. mit Metallen und Wasserstoff. In der Natur kommen sie nur in Form ihrer Verbindungen vor.

Chlor

Brom

Iod

Metallhalogenide

Bei der chemischen Reaktion der Halogene mit Metallen bilden sich Metallhalogenide.

Kalium (s) + Chlor (g) ⟶ Kaliumchlorid (s) | exotherm

$2\,K\,(s) + Cl_2\,(g) \longrightarrow 2\,KCl\,(s)$ | exotherm

Halogenwasserstoffe

Bei der chemischen Reaktion der Halogene mit Wasserstoff entstehen Halogenwasserstoffe.

Brom (g) + Wasserstoff (g) ⟶ Bromwasserstoff (g) | exotherm

$Br_2\,(g) + H_2\,(g) \longrightarrow 2\,HBr\,(g)$ | exotherm

Die Halogenwasserstoffe lösen sich gut in Wasser und bilden dabei saure Lösungen.

Edelgase

Elementgruppe der Elemente der VIII. Hauptgruppe. Es handelt sich um die Nichtmetalle Helium, Neon, Argon, Krypton, Xenon und das radioaktive Radon. Die Edelgase bestehen aus Atomen.
Die Edelgase sind sehr reaktionsträge. Sie haben in der Luft einen Volumenanteil von etwa 1 %. Aus der Luft können sie durch Luftverflüssigung gewonnen werden.

Check up

1 In einem Chemikalienlager sind die Stoffe alphabetisch sortiert. Die Stoffe sollen neu geordnet werden, sodass immer Elemente einer Elementgruppe zusammenstehen. Unter anderem sind folgende Elemente vorhanden: Argon, Barium, Beryllium, Brom, Calcium, Caesium, Chlor, Fluor, Helium, Iod, Kalium, Krypton, Lithium, Magnesium, Natrium, Neon, Rubidium, Strontium und Xenon.

a Nenne die Elementgruppen, von denen Elemente vertreten sind.

b Ordne die aufgezählten Elemente den Elementgruppen zu.

2 Nenne typische Eigenschaften der Alkalimetalle.

3 Die Bestimmung der Flammenfärbung ist ein wichtiger Hinweis auf das Vorhandensein von Alkali- und Erdalkalimetallen.

a Beschreibe die Durchführung dieser Methode.

b Nenne die auftretenden typischen Farben bei Stoffen, die Verbindungen von Natrium, Lithium, Strontium und Barium enthalten.

4 Die Schnittflächen von Lithium, Natrium und Kalium überziehen sich an feuchter Luft rasch mit einem Belag. An trockener Luft dauert es wesentlich länger, bis sich ein Belag bildet. Erkläre diesen Sachverhalt.

5 Nenne typische Eigenschaften der Erdalkalimetalle.

6 Nenne typische Eigenschaften der Halogene.

7 Erkläre, warum beim Umgang mit Halogenen besondere Vorsichtsmaßnahmen nötig sind.

8 Erläutere Gemeinsamkeiten der Halogene auf Teilchenebene.

9 Nenne die chemischen Formeln für Magnesiumbromid, Lithiumchlorid, Natriumiodid, Kaliumfluorid, Calciumchlorid und Bariumiodid. Sortiere nach Alkalimetall- und Erdalkalimetallhalogeniden.

10 Besonders Sportler müssen auf eine Ernährung achten, die viele Mineralien wie beispielsweise chemisch gebundenes Magnesium, Calcium und Chlor enthält. Erkläre.

11 Im Gegensatz zu Edelgasen kommen Alkalimetalle, Erdalkalimetalle und Halogene in der Natur nicht als Elemente vor.
Nenne Gründe für dieses Phänomen.

12 Nenne zwei Eigenschaften von Helium, die die Verwendung dieses Gases als Füllung für Ballons und Luftschiffe begründet.

Aufgabe	Hilfe findest du auf Seite ...
1	44, 48, 55, 64
2	44, 45
3	41, 45, 49
4	44
5	48, 49
6	55
7	54, 55
8	54, 55
9	57
10	46, 47, 57
11	45, 48, 54, 64
12	64, 66

Die Lösungen findest du im Anhang.

Atombau und Periodensystem der Elemente

Unsere Umwelt ist vielfältig und äußerst komplex. Vielfältig und komplex sind auch die chemischen Stoffe, aus denen sie besteht. Aufgebaut aber sind diese Stoffe aus nur wenigen verschiedenen Bausteinen. Kaum hundert Elemente bilden alles, was uns umgibt, unseren Planeten Erde mit seinen Gesteinen, allen Pflanzen und Tieren – und uns Menschen.

Wir Menschen bestehen zu 99,99 % aus nur zehn Elementen: Wasserstoff, Sauerstoff, Kohlenstoff und Stickstoff, gefolgt von Natrium, Magnesium, Kalium, Calcium, Phosphor und Schwefel.

Geordnet sind die Elemente im Periodensystem der Elemente. Es beginnt mit dem leichtesten Element, dem Wasserstoff, und geht bis hin zum Uran, dem schwersten natürlich vorkommenden Element. Hinzu kommen die Elemente, die künstlich erzeugt werden können.

- Wie sind die Elemente im Periodensystem geordnet?
- Welche Beziehungen gibt es zwischen dem Periodensystem und der Welt der kleinsten Teilchen?
- Welche Eigenschaften haben die Elemente?
- Lässt sich das chemische Verhalten der Elemente voraussagen?

Die chemischen Elemente und der Aufbau der Atome

Mit der Welt der kleinsten Teilchen befassen sich die Besucher dieser Ausstellung. Ein Modell vermittelt ihnen die Vorstellungen zum Bau der Atome. Wie sind Atome aufgebaut? Besteht ein Zusammenhang zwischen dem Bau der Atome und den Eigenschaften der Elemente?

1 Atommodell in einer Wissenschaftsausstellung

2 Chlor und Natrium haben sehr unterschiedliche Eigenschaften.

Eigenschaften der Elemente und ihre Stellung im Periodensystem Es ist bekannt, dass die Elemente im Periodensystem aufgrund ihrer chemischen Verwandtschaften in Elementgruppen eingeteilt werden. Einige Eigenschaften sind in der Übersicht zusammengefasst.

Innerhalb der Hauptgruppen sind die Eigenschaften der Elemente sehr ähnlich. Allerdings lassen sich auch Abstufungen in den Eigenschaften der Stoffe beobachten, z. B. bei der Reaktionsfähigkeit.

Vergleicht man die Eigenschaften der Elemente verschiedener Hauptgruppen, fallen deutliche Unterschiede auf. So sind z. B. die Elemente der I. und II. Hauptgruppe links im Periodensystem Metalle, während rechts in der VII. und VIII. Hauptgruppe Nichtmetalle angeordnet sind.

Der Schlüssel zum Verständnis der Ähnlichkeiten und Unterschiede in den Eigenschaften ist im Aufbau der Atome der Elemente zu finden.

Eigenschaften einiger Elementgruppen im Periodensystem

Eigenschaften	I. Hauptgruppe (außer Wasserstoff) Alkalimetalle	II. Hauptgruppe Erdalkalimetalle	VII. Hauptgruppe Halogene	VIII. Hauptgruppe Edelgase
Metall/Nichtmetall	unedle Metalle	unedle Metalle	Nichtmetalle	Nichtmetalle
Farbe	silberweiß, metallisch glänzend	silberweiß, metallisch glänzend	schwach grünlich bis blauviolett	farblos
Aggregatzustand (20 °C)	fest (sehr weich)	fest (weich)	gasförmig, flüssig, fest	gasförmig
Elektrische Leitfähigkeit	leitend	leitend	nicht leitend	nicht leitend
Reaktionsfähigkeit	reaktionsfreudig, nach unten heftiger	weniger reaktionsfreudig, nach unten heftiger	reaktionsfreudig, nach unten abnehmend	sehr reaktionsträge
Vorkommen in der Natur	ausschließlich in Verbindungen	ausschließlich in Verbindungen	elementar und in Verbindungen	elementar
Aufbau	Atomverband	Atomverband	zweiatomige Moleküle	einzelne Atome

Atomkern Um unsere Vorstellungen zum Bau der Atome zu erweitern, soll zunächst der Bau des Atomkerns genauer betrachtet werden.
Das Kern-Hülle-Modell des Atoms kennst du bereits. Es besagt, dass ein sehr kleiner positiv geladener Atomkern von einer im Vergleich dazu riesigen negativ geladenen Atomhülle umgeben ist. Fast die gesamte Masse des Atoms befindet sich im Kern. Die Anzahl der Protonen im Kern bestimmt die Ordnungszahl eines Elements im Periodensystem. Sie wird auch als **Kernladungszahl** bezeichnet, da sie die Anzahl der positiven Ladungen im Atom angibt. Sie ist bei allen Atomen eines Elements gleich.
Betrachten wir die ersten drei Elemente genauer: Wasserstoff hat die Ordnungszahl 1. Seine Atome besitzen ein Proton im Kern. Die Kernladungszahl für Wasserstoff ist daher 1. Die Atommasse für Wasserstoff wird im Periodensystem mit 1,008 u angegeben. Dies entspricht ungefähr der Masse des Protons. Ein Heliumatom mit zwei Protonen im Kern und der Kernladungszahl 2 besitzt jedoch eine Masse von annähernd 4 u. Und ein Lithiumatom mit der Kernladungszahl 3 wird mit einer Atommasse von fast 7 u angegeben. Neben den Protonen ist eine weitere Art von Elementarteilchen am Aufbau des Kerns beteiligt, die **Neutronen**. Das 1932 entdeckte Neutron besitzt fast die Masse eines Protons und ist elektrisch neutral. Die Neutronen haben keinen Einfluss auf die Kernladung, aber auf die Atommasse. Die **Massenzahl** gibt die Summe aus der Zahl der Protonen und der Neutronen im Atomkern an.

Isotope Für das Element Chlor mit der Ordnungszahl 17 wird im Periodensystem eine Atommasse von 35,5 u angegeben. Im Kern des Chloratoms können jedoch nur ganze Elementarteilchen enthalten sein. Die Atomkerne eines Elements können sich bei gleicher Protonenanzahl in der Zahl ihrer Neutronen unterscheiden. Solche Atome eines Elements mit unterschiedlicher Neutronenanzahl werden **Isotope** (griech. iso – gleich; topos – Ort) genannt. Es gibt zwei Isotope des Chlors, die sich chemisch gleich verhalten. Das Isotop mit der Massenzahl 35 besitzt neben den 17 Protonen weitere 18 Neutronen im Kern. Das zweite Isotop hat 20 Neutronen und damit die Massenzahl 37.
75 % aller Chloratome haben eine Atommasse von 35 u und 25 % eine Atommasse von 37 u. Daraus ergibt sich die im Periodensystem angegebene durchschnittliche Atommasse dieser beiden Isotope von 35,5 u.
Der Aufbau eines Atoms wird wie folgt symbolisiert:

$^{\text{Massenzahl}}_{\text{Kernladungszahl}}\text{Elementsymbol}$ Beispiel: $^{35}_{17}Cl$

Elementarteilchen	Symbol und Modell	Masse in u
Proton	p^+	1
Neutron	n	1
Elektron	e^-	0,0005

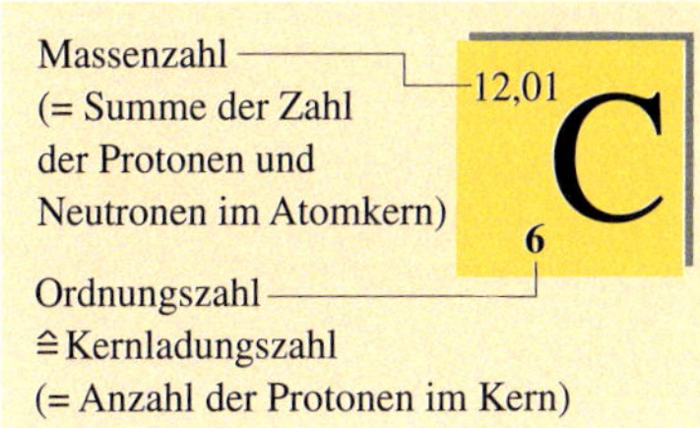

3 Symbolschreibweise für das Element Kohlenstoff

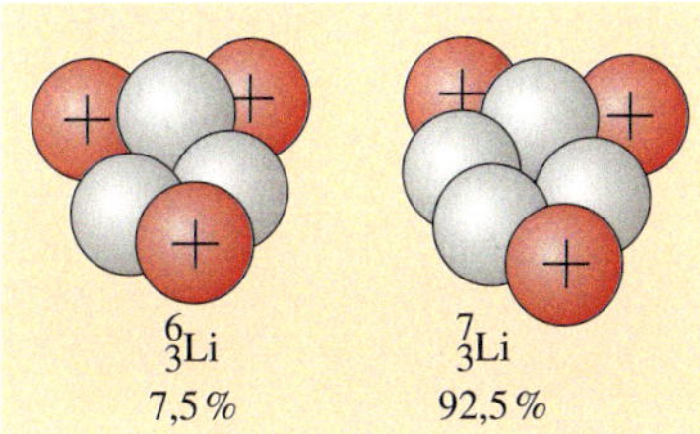

4 Atomkerne des Elements Lithium und Häufigkeit der Isotope

Schon gewusst?

Einige Isotope vor allem schwererer Elemente sind nicht stabil. Ihr Kern kann unter Aussendung radioaktiver Strahlung zerfallen. Der radioaktive Zerfall spielt eine bedeutende Rolle in der Natur, der Technik und der Medizin, z. B. bei der Überprüfung der Funktionsfähigkeit der Schilddrüse.

Aufgaben

1 Welche Informationen lassen sich den folgenden Angaben entnehmen: $^{12}_{6}C$, $^{20}_{10}Ne$, $^{63}_{29}Cu$?

2 Gib in einer tabellarischen Übersicht die Ordnungszahl, die Kernladungszahl, die Massenzahl, die Zahl der einzelnen Elementarteilchen sowie die Symbolschreibweise für die Atome der Elemente der ersten und zweiten Periode an.

3 Das Element Brom besitzt zwei Isotope: $^{79}_{35}Br$ (50,7 %) und $^{81}_{35}Br$ (49,3 %).
a Ermittle die Anzahl der unterschiedlichen Elementarteilchen für jedes Isotop.
b Berechne die durchschnittliche Atommasse in u für Brom aus den Anteilen der beiden Bromisotope.

4 Informiere dich, welche Isotope des Urans es gibt. Wodurch unterscheiden sie sich?

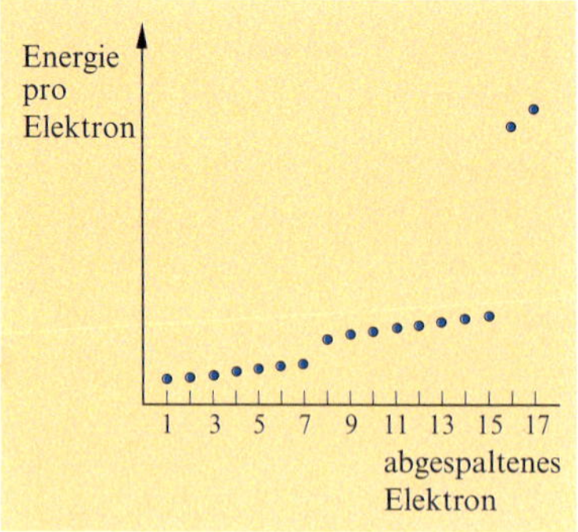

1 Ionisierungsenergie für die 17 Elektronen des Chloratoms

2 Der dänische Physiker NIELS BOHR (1885 bis 1962) entwickelte unsere heutige Modellvorstellung vom Aufbau der Atomhülle.

Schalenmodell der Atomhülle Nach den bisherigen Modellvorstellungen müssten sich die Elektronen in der Atomhülle wahllos verteilen. In Experimenten wurde die Energie untersucht, die zur Abspaltung einzelner Elektronen aus der Atomhülle erforderlich ist. Diese Energie, die aufgewendet werden muss, um ein Elektron vollständig aus der Atomhülle zu entfernen, wird als **Ionisierungsenergie** bezeichnet. Sie wird mit jedem Elektron, das aus der Atomhülle entfernt wird, größer. Auffällig sind jedoch die deutlichen Abstufungen der Ionisierungsenergien: Es gibt jeweils Gruppen von Elektronen, die sich auf einem ähnlichen Energieniveau befinden und von anderen Elektronen durch deutliche **Energiestufen** getrennt sind. ↑ 1

Wie lassen sich diese unterschiedlichen Energieniveaus mit Modellvorstellungen zum Bau der Atomhülle erklären? Die Elektronen bewegen sich in unterschiedlicher räumlicher Entfernung um den Atomkern. Je näher sich ein Elektron am Atomkern befindet, desto stärker wird es von ihm angezogen und desto größer ist seine Ionisierungsenergie. Gruppen von Elektronen, die sich auf einem ähnlichen Energieniveau befinden, bilden jeweils eine **Elektronenschale**, die den Atomkern kugelförmig umgibt. So verteilen sich z. B. im Modell des Chloratoms die 17 Elektronen auf drei Elektronenschalen. Diese Modellvorstellung wird als **Schalenmodell der Atomhülle** bezeichnet.

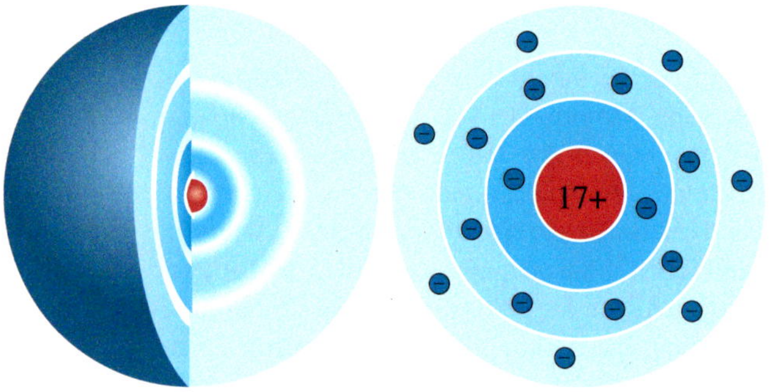

3 Räumliches und zweidimensionales Schalenmodell des Chloratoms

Das Schalenmodell der Atomhülle besagt, dass die Atomhülle in Elektronenschalen gegliedert ist. In einer Elektronenschale halten sich Elektronen mit etwa gleicher Energie in gleichem Abstand zum Atomkern auf.

Besetzung der Elektronenschalen		
Elektronenschale		Theoretisch maximal mögliche Elektronenanzahl
1	K	2
2	L	8
3	M	18
4	N	32
Allgemein:		
n		$2n^2$

Anordnung der Elektronen In den einzelnen Elektronenschalen kann sich jeweils nur eine bestimmte Anzahl an Elektronen aufhalten. Die 1. Schale – sie ist dem Kern am nächsten – kann maximal zwei Elektronen aufnehmen. Im Wasserstoffatom befindet sich in ihr ein Elektron. Im Heliumatom ist sie mit zwei Elektronen bereits voll besetzt. Kommt ein weiteres Elektron hinzu, wird die 2. Schale besetzt. Diese kann maximal acht Elektronen aufnehmen. Die Elektronenschalen der Atome werden mit steigender Ordnungszahl schrittweise mit Elektronen aufgefüllt. Die theoretisch maximale Besetzung der Schalen geht aus der Tabelle hervor. Die Schalen werden auch mit den Buchstaben K, L, M, N usw. bezeichnet, dabei ist die K-Schale die innerste. Die Anordnung der Elektronen in den Elektronenschalen nennt man **Elektronenkonfiguration**.

Die Elektronen der äußeren besetzten Schale, der Außenschale, prägen hauptsächlich die Eigenschaften der Elemente und ihr chemisches Verhalten. Diese Elektronen werden als **Außenelektronen** oder **Valenzelektronen** (lat. valens – stark, wirksam) bezeichnet. In der vom dem Amerikaner GILBERT N. LEWIS (1875 bis 1946) eingeführten **Elektronenschreibweise** werden die Valenzelektronen hervorgehoben und durch Punkte am Symbol des Elements dargestellt. Sind mehr als vier Elektronen in der Außenschale vorhanden, können jeweils zwei von ihnen – ein **Elektronenpaar** – durch einen Strich am Symbol gekennzeichnet werden.

Edelgaskonfiguration Edelgase sind auffällig reaktionsträge Elemente. Wie ist ihre Elektronenkonfiguration? Bei den Edelgasen ist mit Ausnahme von Helium die Außenschale jeweils mit acht Elektronen besetzt. Die Elektronenkonfiguration mit acht Außenelektronen ist besonders stabil und wird als **Elektronenoktett** bezeichnet. Bei den Atomen des Heliums wird dieser stabile Zustand bereits mit zwei Elektronen erreicht. Die stabile Elektronenkonfiguration der Edelgase wird auch **Edelgaskonfiguration** genannt.

Elektronenanordnung bei Edelgasatomen

Element und Symbol		Anzahl der Elektronen in der Elektronenschale					
		1	2	3	4	5	6
Helium	He	2					
Neon	Ne	2	8				
Argon	Ar	2	8	8			
Krypton	Kr	2	8	18	8		
Xenon	Xe	2	8	18	18	8	
Radon	Rn	2	8	18	32	18	8

Die Edelgaskonfiguration ist eine stabile Elektronenkonfiguration mit acht Elektronen in der äußeren Elektronenschale. Diese stabile Elektronenkonfiguration wird bereits mit zwei Elektronen erreicht, wenn nur die 1. Schale besetzt ist.

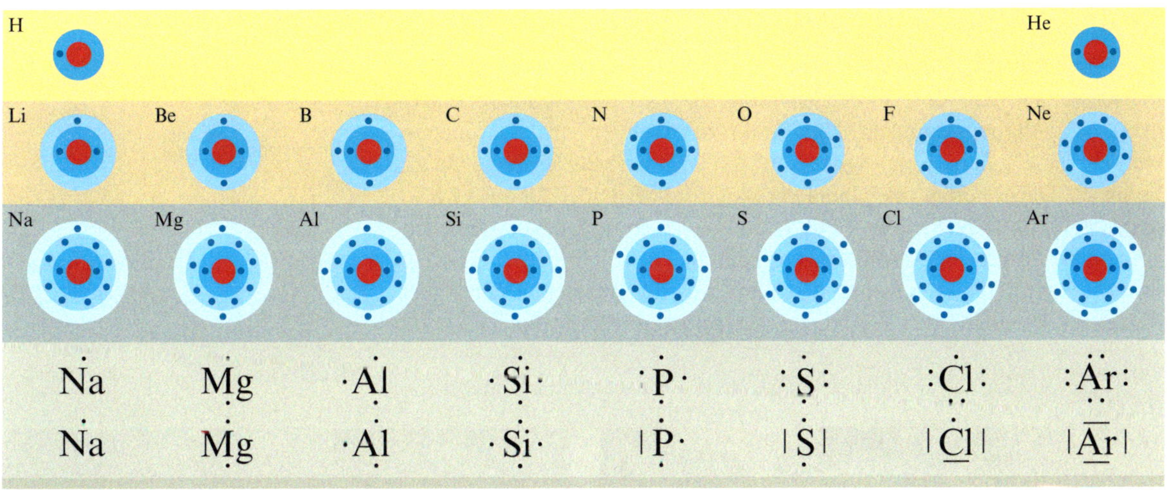

4 Elektronenanordnung und Elektronenschreibweise

Aufgaben

1 Vergleiche das Kern-Hülle-Modell der Atome mit dem Schalenmodell der Atomhülle. Warum wurde ein neues Modell notwendig?

2 Beschreibe die Abbildung 1. Erläutere den stufenweisen Anstieg der Ionisierungsenergien beim Chloratom. ↑1

3 Vergleiche den Atombau von Natrium mit dem von Chlor.

4 Gib die Elektronenkonfiguration für die Atome von Lithium, Fluor und Neon an. Erläutere die Gemeinsamkeiten und Unterschiede.

5 Zeichne Schalenmodelle für ein Kaliumatom und ein Calciumatom.

6 Gib die Symbole der Elemente Lithium, Kohlenstoff, Stickstoff und Sauerstoff in Elektronenschreibweise an.

Welt der Chemie

Blick ins Atom

1 Quadrupol-Massenspektrometer

JOSEPH THOMSON (1865 bis 1940), der Entdecker des Elektrons, entwickelte Anfang des 20. Jahrhunderts ein Analysegerät zur Untersuchung von Atomen. Sein Massenspektrometer konnte Teilchen mit unterschiedlicher Masse voneinander trennen. 1912 gelang es dem Engländer erstmals, die beiden Isotope des Edelgases Neon voneinander zu trennen.

Das Prinzip ist einfach: Die Atome und Moleküle werden ionisiert. In der Quelle entstehen elektrisch geladene Teilchen. Kommen diese in ein starkes Magnetfeld, werden sie auf eine Kreisbahn gezwungen. Leichtere Teilchen werden stark abgelenkt, schwerere weniger.

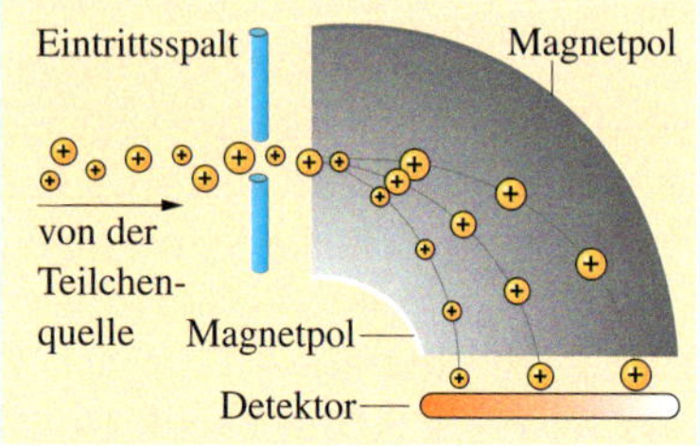

2 Prinzip eines Massenspektrometers

stark. Ein Detektor fängt die geladenen Teilchen auf.
In der modernen Chemie spielen Massenspektrometer – z. B. das Quadrupol- oder auch das Flugzeit-Massenspektrometer – eine herausragende Rolle. Einzelne Stoffe können z. B. bei der Untersuchung von Umweltverschmutzungen oder Dopingproben identifiziert werden.

Mit einem Raster-Tunnelelektronenmikroskop können Atome sichtbar gemacht werden. Es wurde in den 80er Jahren des 20. Jahrhunderts entwickelt. Sein Prinzip kann mit dem Lesen von Blindenschrift verglichen werden: Eine äußerst feine Spitze „ertastet“ die Oberfläche, ohne sie zu berühren. Dabei kommt die Nadel der elektrisch leitenden Oberfläche so nah, dass ein winziger Strom fließt. Dieser so genannte Tunnelstrom wird gemessen. Damit der Stromfluss konstant bleibt, muss sich die Spitze zwischen den Atomen heben und senken. Aus der Bewegung der Nadel berechnet der Computer ein Bild von der atomaren Oberfläche.

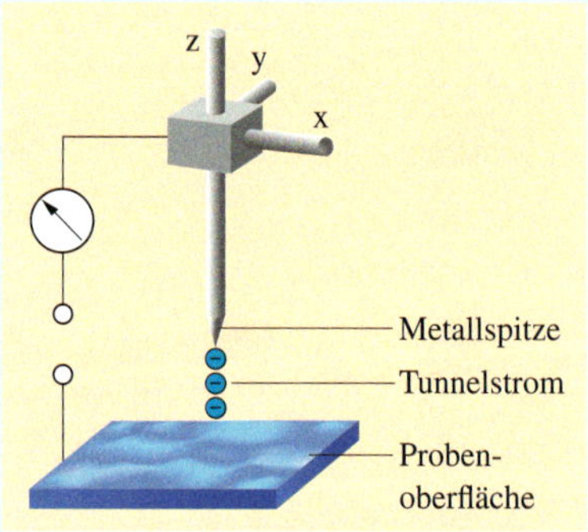

3 Prinzip eines Raster-Tunnelelektronenmikroskops

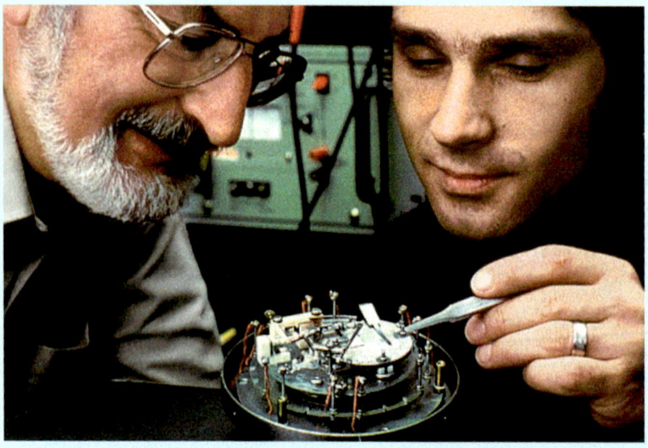

4 GERD BINNIG (rechts) und HEINRICH ROHRER (links) entwickelten das Raster-Tunnelelektronenmikroskop.

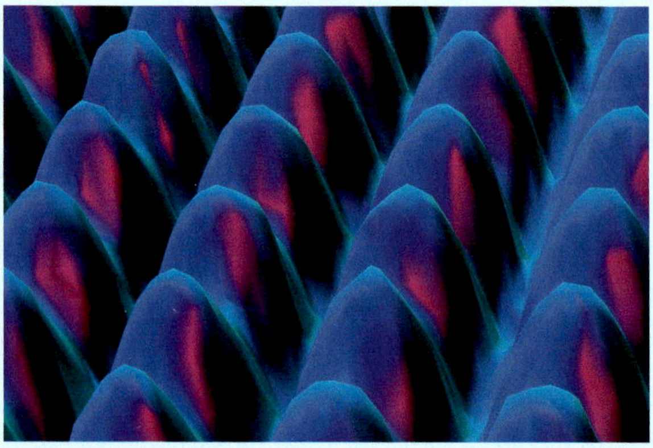

5 Raster-Tunnelelektronenmikroskopische Aufnahme einer Eisenoberfläche

Blick ins Weltall

Mit dem Urknall vor 13,7 Milliarden Jahren entstand unser Universum. Nur wenige Sekunden alt, enthielt das junge Universum noch keine Elemente, sondern nur Elementarteilchen, wie Protonen, Neutronen und Elektronen. Die ersten Atome konnten entstehen, als das Universum sich ausdehnte und dabei rasch abkühlte. Langsamer werdende Protonen und Neutronen vereinigten sich zu den ersten Atomkernen. Die beiden einfachsten und leichtesten Elemente dominieren noch heute unser Weltall. 90 % aller Elemente sind Wasserstoff. Fast der gesamte Rest besteht aus Helium und kleinen Mengen Lithium. Die schwereren Elemente entstanden erst mit der Geburt von Sternen.

1 Geburt eines Sterns

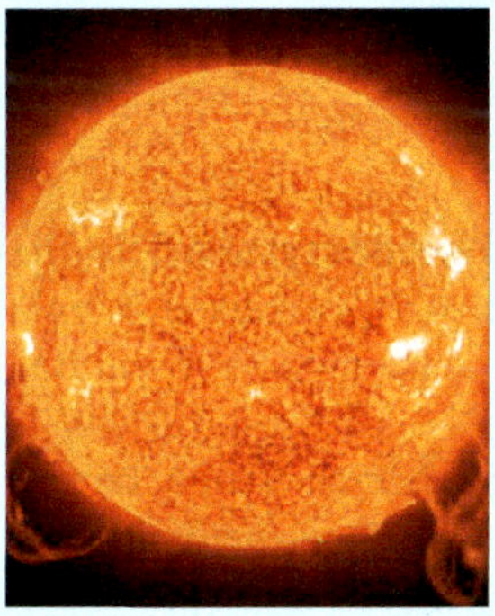

2 Unsere Sonne

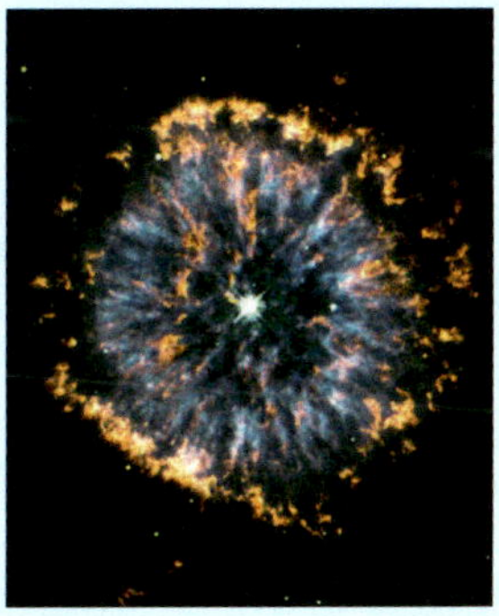

3 Supernova

Auch unsere Sonne ist ein Stern. Sterne sind Gaswolken. In ihrem Innern verschmelzen bei mehr als zehn Millionen Grad Celsius die Wasserstoffkerne zu Heliumkernen. Einige wenige Gramm Wasserstoff liefern bei der Kernverschmelzung mehr als 1 Million Kilowattstunden Energie. Zum Vergleich: Ein Privathaushalt benötigt im Jahr ca. 3 000 Kilowattstunden an elektrischer Energie. Auch schwerere Elemente entstehen: erst Kohlenstoff, Sauerstoff, Silicium und Eisen. Später im Leben eines Sterns, wenn der Kern immer heißer wird, folgen die schweren Elemente bis hin zu Blei und Bismut.

Stirbt ein Stern, weil nicht mehr genügend „Kernbrennstoff" vorhanden ist, kommt es zu einer Explosion. Das Innere kollabiert innerhalb von Sekunden in einer Supernova zu einem Neutronenstern. Bei den hohen Temperaturen von einigen Milliarden Grad Celsius entstehen auch die noch schwereren Elemente. Durch die Sternexplosion verteilen sich die Elemente im Weltall. Aus dem interstellaren Gas können sich erneut Galaxien mit ihren zahlreichen Sternen, den Planeten und ihren Monden bilden.

4 Galaxienhaufen

5 Reste eines sterbenden Sterns nach einer Supernova

Die periodische Ordnung

In der Mitte des 19. Jahrhunderts waren über 60 chemische Elemente bekannt. Der Russe DMITRI I. MENDELEJEW (1834 bis 1907) und der Deutsche LOTHAR MEYER (1830 bis 1895) entwickelten unabhängig voneinander eine systematische Anordnung der Elemente nach ihren Atommassen und nach ihren Eigenschaften, das Periodensystem der Elemente.
Nach welchen Regeln sind die Elemente im Periodensystem geordnet?

Versuche eines Systems der Elemente nach ihren Atomgewichten und chemischen Functionen.

Von

D. Mendeleeff,

Professor an der Universität zu St. Petersburg.

			Ti = 50	Zr = 90	? = 180
			V = 51	Nb = 94	Ta = 182
			Cr = 52	Mo = 96	W = 186
			Mn = 55	Rh = 104,4	Pt = 197,4
			Fe = 56	Ru = 104,4	Ir = 198
			Ni = Co = 59	Pl = 106,6	Os = 199
H = 1			Cu = 63,4	Ag = 108	Hg = 200
	Be = 9,4	Mg = 24	Zn = 65,2	Cd = 112	
	B = 11	Al = 27,4	? = 68	Ur = 116	Au = 197?
	C = 12	Si = 28	? = 70	Sn = 118	
	N = 14	P = 31	As = 75	Sb = 122	Bi = 210?
	O = 16	S = 32	Se = 79,4	Te = 128?	
	F = 19	Cl = 35,5	Br = 80	I = 127	
Li = 7	Na = 23	K = 39	Rb = 85,4	Cs = 133	Tl = 204
		Ca = 40	Sr = 87,6	Ba = 137	Pb = 207
		? = 45	Cè = 92		
		?Er = 56	La = 94		
		?Yt = 60	Di = 95		
		?In = 75,6	Th = 118?		

1 Das erste Periodensystem von MENDELEJEW

2 Aluminium, Schwefel und Chlor sind Hauptgruppenelemente.

3 Kupfer, Silber und Gold sind Nebengruppenelemente.

Atombau und Anordnung der Elemente im Periodensystem Die chemischen Elemente werden im Periodensystem nach steigender Kernladungszahl in ihren Atomkernen angeordnet. Elemente mit ähnlichem Bau ihrer Atomhüllen kehren periodisch wieder.
In den Reihen, den Perioden, stehen die Elemente, deren Atome die gleiche Anzahl besetzter Elektronenschalen aufweisen. Eine neue Periode beginnt mit einem Element, dessen Atome immer ein Außenelektron besitzen. Jede Periode endet mit einem Edelgas, dessen Atome eine voll besetzte Außenschale aufweisen. In der 1. Periode ist bei den Heliumatomen die 1. Elektronenschale bereits mit zwei Elektronen voll besetzt, in den darauffolgenden Edelgasen mit acht Elektronen.
Die Atome der Elemente in den senkrechten Spalten, den Gruppen, weisen übereinstimmend die gleiche Anzahl Außenelektronen auf (Ausnahme Helium). In jeder der acht **Hauptgruppen** stehen Elementgruppen, die sich durch enge chemische Verwandtschaft auszeichnen. ↑S.72
Außer den Hauptgruppenelementen gibt es Elemente wie Kupfer, Chrom, Zink und Eisen, die in **Nebengruppen** angeordnet sind. Hier finden sich ausnahmslos Metalle. In den Atomen der Nebengruppenelemente füllen die Elektronen innere Elektronenschalen auf.

Periodisch wiederkehrende Eigenschaften Im Periodensystem überwiegen die Metalle. Sie sind im Periodensystem links einer gedachten Linie von Bor nach Astat zu finden. Ihre Atome besitzen nur wenige Außenelektronen. Diese können leicht abgegeben werden. Sie bewirken als Ladungsträger die elektrische Leitfähigkeit der Metalle. Innerhalb einer Periode nehmen die metallischen Eigenschaften der Elemente nach rechts hin ab. Die Elemente der V. bis VII. Hauptgruppe sind vorwiegend Nichtmetalle. Die Atome dieser Elemente neigen zur Aufnahme von Elektronen.

Die Atome der Halogene besitzen sieben Außenelektronen. Die nicht ganz gefüllte Außenschale bestimmt das besonders reaktionsfreudige Verhalten der Salzbildner. Schon mit der Aufnahme eines weiteren Elektrons lässt sich für die Elemente der VII. Hauptgruppe die stabile Edelgaskonfiguration erreichen.
Die Atome der Alkalimetalle besitzen jeweils ein Außenelektron. Darunter befindet sich eine voll besetzte Schale. Eine stabile Edelgaskonfiguration könnte durch die Abgabe des einzelnen Elektrons erreicht werden. Darauf ist das Reaktionsverhalten der Alkalimetalle zurückzuführen.
In der Einordnung der chemischen Elemente ins Periodensystem äußert sich das **Gesetz der Periodizität**. Die gleiche Anzahl Außenelektronen bedingt Ähnlichkeiten in den chemischen Eigenschaften der Elemente.

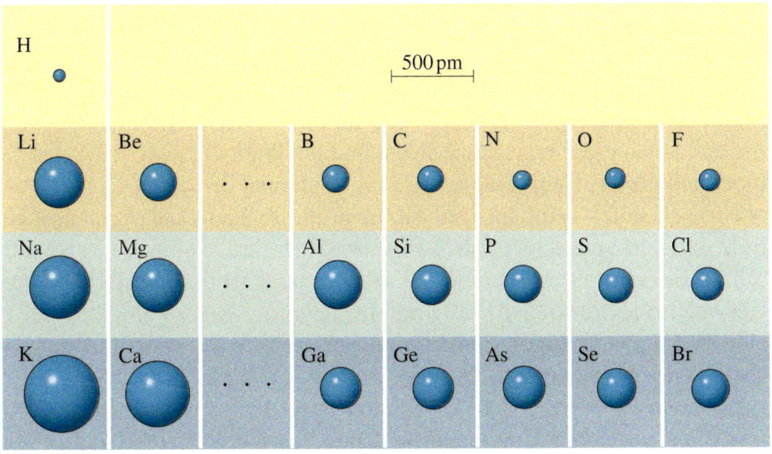

4 Atomradien von Hauptgruppenelementen (1 pm = 10^{-12} m)

Ebenfalls periodisch ändern sich die Atomradien der Elemente. Innerhalb einer Gruppe nimmt mit jeder neuen Schale, die mit Elektronen besetzt wird, der Radius zu. Je mehr Elektronenschalen besetzt sind, desto größer ist das Atom. Innerhalb einer Periode nimmt dagegen der Radius mit zunehmender Ordnungszahl ab. Ursache dafür ist die mit steigender Kernladung zunehmende Anziehungskraft der Protonen des Kerns auf die Elektronen der Atomhülle. Diese überwiegt, obwohl die Zahl der Elektronen stetig zunimmt.
Je größer die Atome sind, desto leichter können die zunehmend weiter vom Kern entfernten Valenzelektronen abgegeben werden. Innerhalb der I. und II. Hauptgruppe nimmt die Reaktivität der Elemente von oben nach unten zu. Caesium reagiert sehr heftig mit Wasser, gefolgt von Rubidium, Kalium und Natrium. Das Alkalimetall Lithium reagiert kaum.

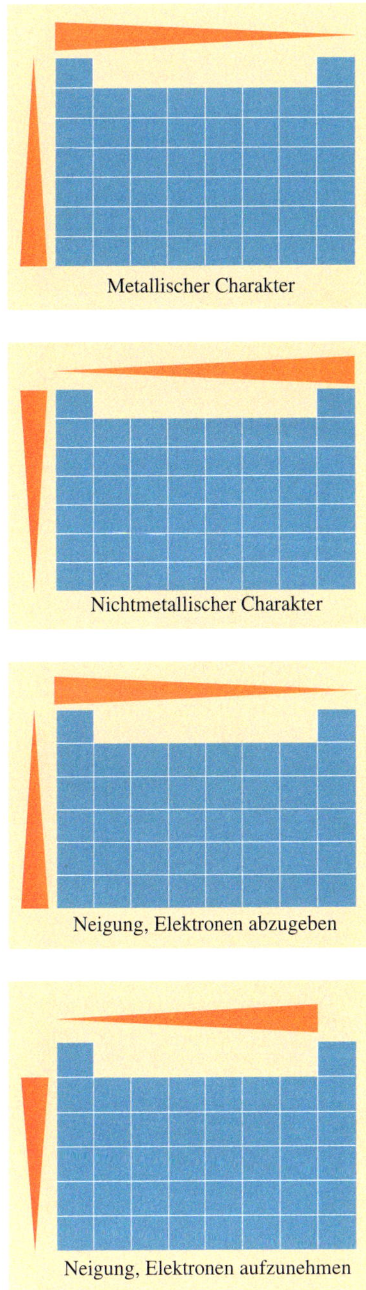

5 Tendenzen im Periodensystem

Aufgaben

1 Erläutere die Elektronenverteilung bei Atomen als Ordnungsprinzip des Periodensystems für die Elemente der 2. und 3. Periode.

2 Zeichne ein Schalenmodell der Atomhülle des Elements, das in der V. Hauptgruppe in der 3. Periode steht. Um welches Element handelt es sich?

3 Beschreibe die Abbildung 4. Gib Tendenzen für die Atomradien der Elemente im Periodensystem an. Worauf sind diese zurückzuführen? ↑4

4 Alkalimetalle reagieren heftig mit Sauerstoff. Versuche, das zu begründen.

1 Ausschnitt aus dem Periodensystem (↑ Anhang) mit Abbildungen der Stoffe

Vom Kohlenstoff zum Blei Bisher wurde festgestellt, dass die jeweiligen Mitglieder der Hauptgruppen im Periodensystem enge chemische Verwandtschaften aufweisen. Die IV. Hauptgruppe jedoch nimmt eine Mittelstellung im Periodensystem ein. In ihr befinden sich Elemente mit äußerst unterschiedlichen Eigenschaften, die von nichtmetallisch bis metallisch reichen. Ergibt sich hierdurch ein Widerspruch zum bisher Gesagten?
Angeführt wird die IV. Hauptgruppe vom Element Kohlenstoff. Als Diamant ist Kohlenstoff ein typisches Nichtmetall. Diamant ist farblos, durchscheinend, sehr hart und ein elektrischer Nichtleiter. Dagegen ist Kohlenstoff als Graphit dunkelgrau, glänzend, weich und elektrisch leitend.
Silicium und Germanium vereinen in sich sowohl metallische als auch nichtmetallische Eigenschaften. Beide sind glänzend, hart und spröde und nur in reiner Form nicht elektrisch leitend. Elemente, die mit ihren Eigenschaften zwischen Metallen und Nichtmetallen stehen, werden als **Halbmetalle** bezeichnet.
Ganz unten in der IV. Hauptgruppe stehen die Elemente Zinn und Blei. Beides sind Metalle. Sie besitzen eine geringe Härte, sind dehn- und walzbar und leiten den elektrischen Strom und die Wärme.
Innerhalb der IV. Hauptgruppe wird die Änderung der Eigenschaften von oben nach unten deutlich. Der Atombau dieser Elemente verrät jedoch trotz der sehr unterschiedlichen Eigenschaften ihre chemische Verwandtschaft: Bei allen Elementen der IV. Hauptgruppe ist die Außenschale mit vier Valenzelektronen zur Hälfte besetzt.
Um die Edelgaskonfiguration zu erreichen, können entweder die vier Valenzelektronen abgegeben oder vier weitere Elektronen in die Atomhülle aufgenommen werden. Ob Elektronen aufgenommen oder abgegeben werden, ist u. a. vom Atomradius abhängig, der innerhalb der Gruppe von oben nach unten zunimmt. Je größer der Abstand zum Atomkern, desto leichter werden die Valenzelektronen abgegeben und desto stärker ist der metallische Charakter der Elemente. Dies erklärt, warum der metallische Charakter der Elemente in der Gruppe von oben nach unten zunimmt.
Der Bau der Elemente der IV. Hauptgruppe, auf den die jeweiligen Eigenschaften zurückzuführen sind, wird also sowohl von der zur Hälfte besetzte Außenschale als auch von der Größe der Atome bestimmt.

Natürliche und künstliche Elemente Im Periodensystem finden sich Elementgruppen, die bisher nicht erwähnt wurden. Zu den schweren Elementen gehören die Elemente der Lanthanreihe und die Elemente der Actiniumreihe. Beide Gruppen reihen sich – entsprechend dem Atombau dieser Elemente – in der 6. bzw. 7. Periode ein, zwischen den Elementen Barium und Hafnium bzw. zwischen den Elementen Radium und Rutherfordium.
Neben den etwa 90 natürlich vorkommenden Elementen – von Wasserstoff bis Uran – gibt es etwa 20 weitere Elemente, die sich künstlich im Labor erzeugen lassen, z. B. Roentgenium und Einsteinium. Ob die Atome eines Elements stabil sind oder radioaktiv zerfallen, ist von der Zahl der Protonen und Neutronen im Atomkern der Elemente abhängig. Die schwereren Elemente wie Uran und Plutonium sind nicht stabil und zerfallen radioaktiv.

Lassen sich die chemischen Elemente sinnvoll ordnen? Diese Frage beschäftigte die Naturwissenschaftler im 19. Jahrhundert. Erste Versuche unternahm JOHANN-WOLFGANG DÖBEREINER. Im Jahr 1829 identifizierte er Gruppen von je drei Elementen (Triaden), die sich chemisch ähnelten.

1 JOHANN-WOLFGANG DÖBEREINER (1780 bis 1849)

Der französische Geologe BÉGUYER DE CHANCOURTOIS (1820 bis 1886) sortierte 1862 bereits 24 Elemente spiralförmig auf einem Zylinder. Er erkannte, dass jedes achte Element dem ersten ähnelte. JOHN A. R. NEWLAND (1837 bis 1898) fühlte sich an die Harmonie einer Tonleiter erinnert. In seinem zweidimensionalen System ordnete er nun schon 35 Elemente nach zunehmender Atommasse in Oktaven an.

Die unterschiedliche Fähigkeit der Elemente, sich mit anderen Elementen zu verbinden, sowie deren physikalische Eigenschaften wiesen dem deutschen Chemiker JULIUS LOTHAR MEYER den Weg. In seinem 1868 fertiggestellten System finden sich viele Elemente der heutigen Hauptgruppen. Als Ursache der Periodizität nahm er – anders als seine Zeitgenossen – den inneren Aufbau der Atome an.

Die Suche nach Ordnung

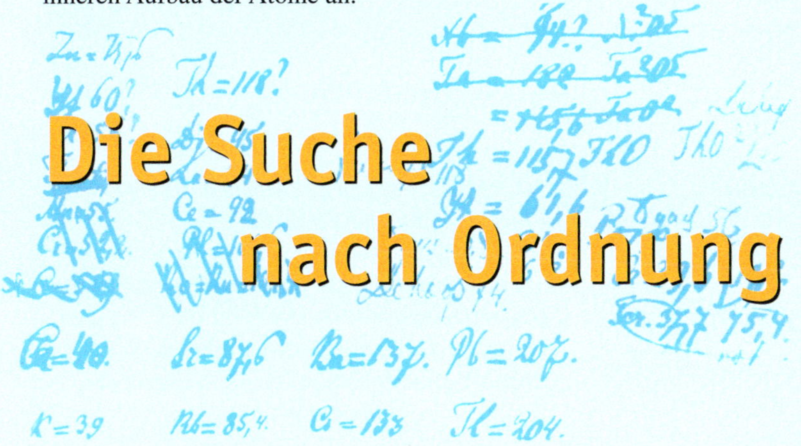

2 JULIUS LOTHAR MEYER (1830 bis 1895)

„Dieses periodische Gesetz ... soll Unerklärtes aufklären und Voraussagen hervorrufen, welche durch das Experiment bestätigt werden können." So kommentierte DMITRI I. MENDELEJEW sein 1869 entwickeltes periodisches System, in das der russische Chemiker alle 61 bis dahin bekannten Elemente einordnete.

3 DMITRI I. MENDELEJEW (1834 bis 1907)

MENDELEJEW ließ drei freie Plätze in seinem Periodensystem. Eine seiner „Lücken" kommentierte er so: *„Es gibt ein bisher unentdecktes Element. Ich habe es Eka-Aluminium genannt. (...) Sucht es, und es wird gefunden werden."* Die Atomgewichte und Stoffeigenschaften der unentdeckten Elemente sagte MENDELEJEW erstaunlich genau voraus. Die Suche war erfolgreich. Gallium wurde 1876 gefunden. 1886 folgte Germanium, entdeckt von dem deutschen Chemiker CLEMENS WINKLER (1838 bis 1904).

Erst mit der Entdeckung der Elementarteilchen sowie der Entschlüsselung der Struktur der Atomhülle durch NIELS BOHR (1885 bis 1962) Anfang des 20. Jahrhunderts offenbarte sich die wirkliche Ursache für das periodische Verhalten der Elemente: der Aufbau ihrer Atome.

Methode

Ableiten von Aussagen über Elemente aus dem Periodensystem

Aus dem Periodensystem der Elemente lässt sich der Bau der Atome eines Elements ableiten. Mit seiner Hilfe können die Eigenschaften eines Elements abgeschätzt und dessen chemisches Verhalten vorhergesagt werden. Ein Vorgehen nach einer bestimmten Schrittfolge ist dabei sinnvoll.

Leite aus dem Periodensystem Aussagen über das Element Schwefel ab.

1 *Suche das Element im Periodensystem.*

2 *Ermittle von dem Element die Ordnungszahl, die Hauptgruppe und die Periode.*
Schwefel hat die Ordnungszahl 16. Er steht in der VI. Hauptgruppe in der 3. Periode.

3 *Leite Aussagen zum Atombau des Elements ab. Ermittle die Zahl der Elektronenschalen und die Zahl der Valenzelektronen seiner Atome.*
Bau des Schwefelatoms:
- 16 Protonen im Atomkern
- 16 Elektronen in der Atomhülle
- 3 Elektronenschalen
- 6 Valenzelektronen in der Außenschale

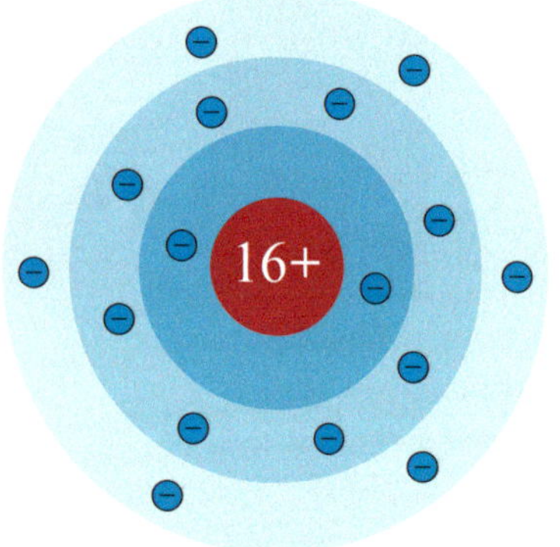

1 Das Schalenmodell des Schwefelatoms veranschaulicht seinen Bau.

4 *Schätze den Atomradius ab. Als Grundlage dienen dabei die Tendenzen im Periodensystem.*
Innerhalb der Hauptgruppe nimmt der Atomradius von oben nach unten zu. Innerhalb der Periode nimmt er von links nach rechts ab. Schwefelatome besitzen daher z. B. im Vergleich zu Sauerstoffatomen einen größeren Atomradius und im Vergleich zu Phosphoratomen einen kleineren.

5 *Schätze die Neigung der Atome des Elements zur Elektronenaufnahme bzw. Elektronenabgabe ab.*
Um die Edelgaskonfiguration zu erreichen, müssten Schwefelatome entweder zwei Elektronen aufnehmen oder sechs Elektronen abgeben. Aufgrund des Energieaufwands bei der Elektronenabgabe ist vermutlich die Neigung zur Elektronenaufnahme stärker.

6 *Ermittle aus seiner Stellung im Periodensystem, ob das Element ein Metall, ein Halbmetall oder ein Nichtmetall ist. Leite daraus Vermutungen über weitere Eigenschaften ab.*
Schwefel steht im Periodensystem rechts einer gedachten Linie von Bor nach Astat und ist daher ein Nichtmetall. Schwefel ist ebenso wie Phosphor bei Zimmertemperatur fest, dürfte aber eine relativ niedrige Schmelz- und Siedetemperatur aufweisen. Vermutlich leitet Schwefel als Nichtmetall den elektrischen Strom nicht.

7 *Stelle Vermutungen darüber an, ob das Element eher mit Metallen oder mit Nichtmetallen reagieren könnte.*
Es ist zu vermuten, dass Schwefel als Nichtmetall mit Metallen und auch mit Sauerstoff reagiert.

1 Bei dem Versuch, die Elemente zu ordnen, stieß der deutsche Chemiker JOHANN-WOLFGANG DÖBEREINER auf eine interessante Besonderheit. Bei seinen „Triaden" chemisch ähnlicher Elemente entsprach die Atommasse des mittleren Elements dem arithmetischen Mittel der Massen der beiden äußeren Elemente. Bestätige diesen Zusammenhang rechnerisch.

Triaden von DÖBEREINER

Lithium	Calcium
Natrium	Strontium
Kalium	Barium
Schwefel	Chlor
Selen	Brom
Tellur	Iod

2 DMITRI I. MENDELEJEW sagte die Eigenschaften mehrerer bis dahin unentdeckter Elemente erstaunlich genau voraus.

a Vergleiche MENDELEJEWS Voraussagen für das von ihm als „Eka-Silicium" bezeichnete Element mit den heute bekannten Eigenschaften. Um welches Element handelt es sich?

b Informiere dich über das Leben des berühmten Chemikers und stelle es in der Klasse vor.

MENDELEJEWS Voraussagen (1871) für das Eka-Silicium

Atommasse: 72
Schmelztemperatur: hoch
Farbe: dunkelgrau
Wird durch Säuren und Laugen kaum angegriffen.
Beim Erhitzen bildet sich ein Oxid mit hoher Schmelztemperatur.
Kann durch Reduktion aus dem Oxid hergestellt werden.

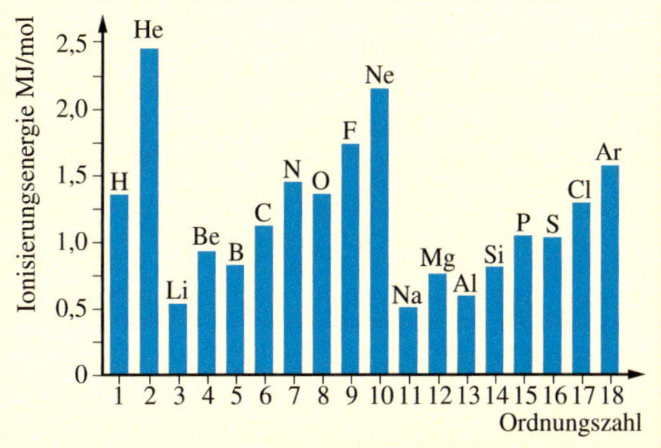

1 Ionisierungsenergien für die Abspaltung des ersten Elektrons für die Atome der Elemente der ersten drei Perioden

3 Beschreibe die im Diagramm dargestellten Änderungen der Ionisierungsenergien. Worauf sind diese Änderungen zurückzuführen?

4 Leite Aussagen über Lithium, Phosphor und Argon aus dem Periodensystem ab. Wende dabei die auf Seite 82 vorgestellte Methode an.

5 Deutsche Bergsteiger fanden 1991 in den Alpen eine mumifizierte Leiche. Mithilfe der Radiokarbonmethode konnte das Alter des Gletschermanns von Similaun, „Ötzi" genannt, bestimmt werden. Informiere dich über das Funktionsprinzip dieser Methode.

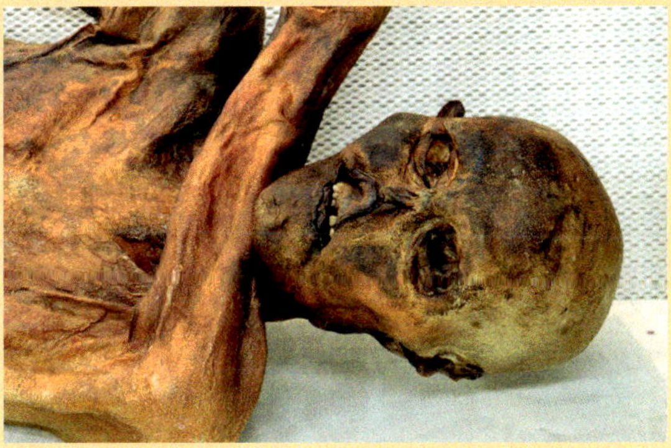

2 Mumifizierte Leiche des „Ötzi", gestorben vor etwa 5300 Jahren.

6 In der Medizin wird eine radioaktive Strahlungsart für Untersuchungen eingesetzt. Um welche Strahlungsart handelt es sich? Informiere dich über diese Untersuchungsmethode. Warum werden den Patienten bei der Untersuchung an bestimmten Körperteilen Schürzen aus Blei umgelegt?

Auf einen Blick

Atombau

Kern-Hülle-Modell des Atoms

Atomkern Zentrum des Atoms Elementarteilchen:		**Atomhülle** in Elektronenschalen gegliederter, kugelschalenförmiger Raum um den Atomkern Elementarteilchen:
Protonen Symbol: p^+ positiv elektrisch geladene Teilchen, Ladung: +1	**Neutronen** Symbol: n elektrisch neutrale Teilchen, Ladung: keine	**Elektronen** Symbol: e^- negativ elektrisch geladene Teilchen, Ladung: –1

Kernladungszahl

Anzahl der Protonen im Atomkern, entspricht der Ordnungszahl des Elements im Periodensystem

Massenzahl

Summe der Anzahl der Protonen und Neutronen im Atomkern

Isotope eines Elements

Atome mit gleicher Anzahl an Protonen, aber unterschiedlicher Anzahl an Neutronen und damit unterschiedlicher Atommasse

Hauptgruppen

Gruppen von Elementen, deren Atome die gleiche Anzahl von Valenzelektronen besitzen

Periodensystem der Elemente und Atombau

Angabe im Periodensystem		Bau der Atome
Ordnungszahl	≙	Anzahl der Protonen
Nummer der Hauptgruppe	≙	Anzahl der Außenelektronen
Nummer der Periode	≙	Anzahl der Elektronenschalen

Elektronenoktett

Besonders stabile Elektronenkonfiguration mit voll besetzter Außenschale (Edelgaskonfiguration)

Gesetz der Periodizität

Periodische Wiederkehr von Elementen im Periodensystem mit ähnlichem Atombau und daher ähnlichem chemischem Verhalten

Salze

Die glasklaren, das Licht brechenden, würfelförmigen Kristalle des Halits, auch Steinsalz genannt, sind Schaustücke in Mineraliensammlungen. Sie glitzern an Wänden von Stollen und Kammern in Bergwerken unter Tage. Hauptbestandteil des Steinsalzes ist das Natriumchlorid, das auch als Kochsalz verwendet wird.

- Ist Kochsalz „das" Salz oder nur eines von vielen Salzen, die in der Natur vorkommen?
- Gibt es weitere, dem Natriumchlorid ähnliche Stoffe?
- Welche Eigenschaften haben solche Stoffe?
- Wie sind Salzkristalle aufgebaut?

Salz – Steinsalz – Kochsalz

„Unter allen Edelsteinen ist Salz der kostbarste.“ (Justus von Liebig [1803–1887]) Salz – das „weiße Gold“ … Salz – „Elixier des Lebens“ Worauf beruht die Wertschätzung für einen der eher preiswerten Rohstoffe aus der Tiefe der Erde oder aus dem Meerwasser?

1 Bergmännischer Salzabbau im Mittelalter

2 Bergmännischer Salzabbau heute

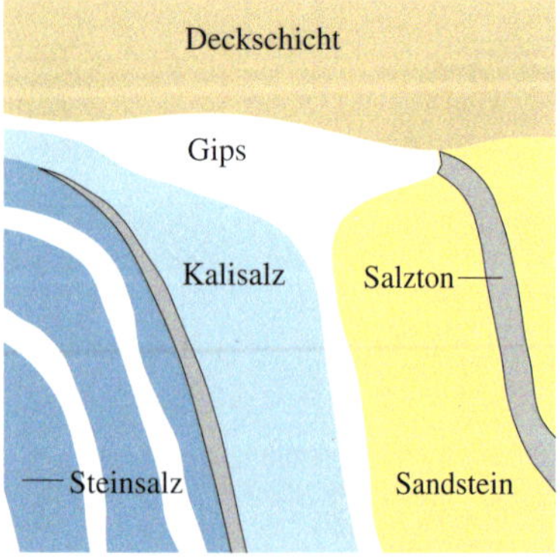

3 Aufbau einer Salzlagerstätte (schematische Darstellung)

Vorkommen In den Weltmeeren sind 50 Billiarden Tonnen Salz ein nahezu unerschöpflicher Vorrat. Über Jahrmillionen haben Flüsse und Bäche ihre Salzfracht, die sich durch Auswaschen des Bodens und des Gesteins anreicherte, in den Meeren abgelagert.
Unterirdische **Salzlagerstätten** entstanden aus Ablagerungen in einem Meer, das vor etwa 200 bis 300 Millionen Jahren auch ganz Europa bedeckte. Durch Aufwölbungen des Meeresbodens entstanden flache Meeresbecken, in denen sich nach Verdunsten des Wassers Salz ablagerte. ↑3 Die später gänzlich abgetrennten Meeresbecken trockneten aus. Sand und Erdschichten bedeckten die Salzablagerungen. Salzschichten lagern deshalb heute in Europa in einer Tiefe zwischen 300 und 1500 m unter der Erde.
Über die größten Salzreserven verfügen die USA, aber auch Kanada und Mexiko besitzen riesige Salzvorkommen. Von England bis Sachsen reichen die so genannten Zechsteinlager aus der Formation des Perm, die in Europa die größte Bedeutung haben. Etwas jünger sind die Salzlager Frankreichs, der Schweiz, Baden-Württembergs und der deutsch-österreichischen Alpen aus der Formation der Trias.

Gewinnung Mehr als 200 Milliarden Tonnen des „weißen Goldes“ gehören zu Deutschlands ansonsten geringen Bodenschätzen. **Steinsalz**, relativ reines Natriumchlorid, wird bergmännisch ähnlich wie Steinkohle abgebaut. ↑2 Wo das Steinsalz weniger rein ist, wird es unterirdisch gelöst. Unter die Erde gepumptes Süßwasser löst das Salz aus dem Gestein. Salzhaltiges Wasser, die **Sole**, steigt nach oben und wird direkt in die **Saline** geleitet. Dort scheidet sich in riesigen Verdampfern aus der Sole reines **Siedesalz** ab. An Salzförderstätten befanden sich früher meist **Gradierwerke** zur Reinigung der Sole. ↑4 Diese rieselte über Dornenreisig, ihr Salzgehalt nahm dabei zu.

4 Gradierwerk in einem Soleheilbad

5 Salzgärten am Mittelmeer

Die Sonne ermöglicht die Salzgewinnung aus dem Meerwasser beispielsweise im Süden Italiens, auf Mallorca, den Kanarischen Inseln oder in der Bretagne. In flach angelegten Meeresbecken verdunstet das Meerwasser durch die Sonneneinstrahlung. Das **Meersalz** wird dann in den „Salzgärten geerntet“.

Verwendung Der Mensch benötigt täglich 2 bis 3 g des lebenswichtigen Kochsalzes. Besonders für die Funktion der Nerven ist es unabdingbar. Eine zu hohe Salzkonzentration im Körper bewirkt dagegen Wasserentzug aus den Zellen. Anstieg der Blutmenge, Gefäßerweiterung und Bluthochdruck können die Folgen sein.

Als Speisesalz gehört Kochsalz zu den am häufigsten verwendeten Würzmitteln. Auch zum Konservieren von Lebensmitteln wird es seit altersher eingesetzt, zum Beispiel für Schinken, Fisch und Sauerkraut.

Von den in Deutschland jährlich produzierten 14 Millionen Tonnen Salz werden nur etwa 3 % als Speisesalz verwendet. ↑6 Ein kleiner Teil wird für die Futtermittelherstellung als Viehsalz genutzt. Etwa 12 % werden zum Eisfreihalten von Straßen verwendet. Der weitaus größte Teil wird in der Industrie benötigt. Aus jährlich ungefähr 9 Millionen Tonnen des relativ preiswerten Rohstoffs werden Produkte wie Chlor, Natronlauge, Salzsäure und Soda hergestellt. Ohne diese Grundchemikalien gäbe es den Kunststoff PVC, das Glas, die Waschmittel und viele Medikamente nicht.

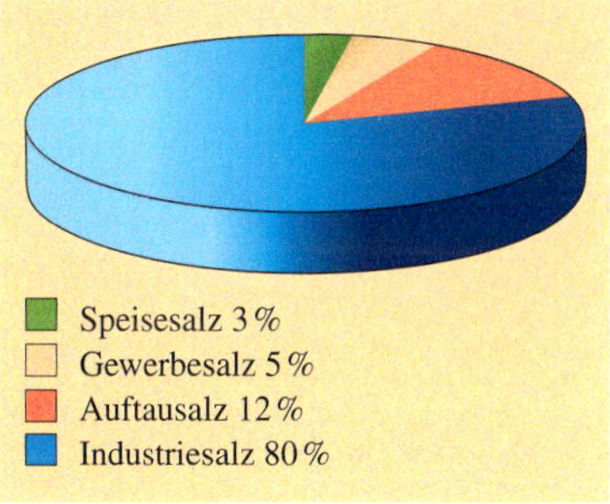

6 Verwendung von Salz in Deutschland (2004)

Aufgaben

1 Organisiert eine Exkursion in ein Salzbergwerk. Erkundet, wie die Salzlagerstätte entstanden ist.

2 Stelle einen Steckbrief für Kochsalz auf. Beschreibe die Beschaffenheit des Stoffes. Entnimm einem Tabellenwerk Angaben zu diesem Stoff.

3 Schätze ab, wie viel Kochsalz du täglich zu dir nimmst. Wiege zum Vergleich 3 g Kochsalz ab.

4 Im Mittelalter blühten viele Städte durch Salzgewinnung oder Salzhandel auf. In ihren Namen deuten Silben wie -salz, -sulz, -sol oder auch -hal auf diese Quelle des Wohlstands hin. Suche im Atlas solche Orte im deutschsprachigen Raum.

5 Salz – wertvoll wie Gold. Ermittle Geschichtliches zum Salzhandel.

Welt der Chemie

Heute eines der preiswertesten Lebensmittel, war Salz einst so kostbar wie Gold. „Der Mensch kann ohne Gold, nicht aber ohne Salz leben“, schrieb vor über 1500 Jahren ein römischer Schriftgelehrter, der das Salz als „magische Substanz“ und als „Elixier des Lebens“ bezeichnete. Es handelt sich dabei um die chemische Verbindung Natriumchlorid.

Salz – das „weiße Gold“

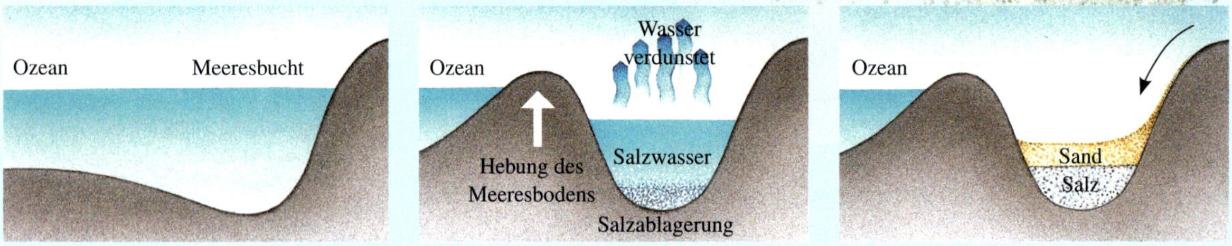

1 Entstehung einer Salzlagerstätte

Salz – ein Stoff, der die Welt veränderte Die faszinierende Geschichte der kleinen weißen Kristalle reicht bis vor über 200 bis 300 Millionen Jahre zurück, als Urmeere auch ganz Europa bedeckten und durch Auswölbungen des Meeresbodens Salzlagerstätten entstanden.

3000 v. Chr.	In China werden die ersten Salzminen der Welt erschlossen.
800 v. Chr.	In China wird „Salz in Pfannen“ erzeugt, die ersten Salinen und Salzsiedereien werden betrieben. Die Ägypter gewinnen Salz aus dem Meerwasser des Nildeltas. Sie konservieren Fleisch und Fisch und präparieren ihre Toten mit Salz.
300 v. Chr.	Im Alpenraum nimmt die Salzgewinnung ihren Aufschwung. An meist von Kelten gefundenen Salzlagerstätten entstanden Ansiedlungen wie Berchtesgaden, Reichenhall, Hallein, Hallstatt, Ischl und Aussee. Salz wird eines der ersten internationalen Handelsgüter.
500	Die Venezianer beherrschen neben dem Gewürz- auch den Salzhandel.
1200	Mit der Hanse erwächst den Venezianern eine übermächtige Konkurrenz.
1450	40000 Schiffe mit 300000 Mann Besatzung kreuzen auf den Meeren. Allein 200 Schiffe der Hanse legen im Jahre 1452 im französischen Hafen Le Croisie an, um Salz aufzunehmen. Es ist für die Ostseeanrainer zur Konservierung ihres Fisches bestimmt. Das Aufblühen von Städten wie Lüneburg, Lübeck und Halle (Saale) beruht vor allem auf dem Salzhandel.
1825	In Schwäbisch Hall wird eines der ersten Salzbergwerke der Neuzeit im süddeutschen Raum in Betrieb genommen.

Salz – nicht nur eine Geschmackssache Die Europäische Union produziert heute jährlich 35 bis 40 Mio. Tonnen Salz. Obgleich der Salzverbrauch fast überall auf der Erde zurückgeht, mögen Menschen in Salz konservierte Speisen: Salzhering, Schinken, Wurst, eingelegte Oliven, Gurken, Sauerkraut ... Von den in Deutschland jährlich produzierten 13 Mio. Tonnen Salz werden jedoch nur 3 % als Speisesalz verwendet. Eine von der Salzindustrie häufig genannte Zahl sind 14 000 Verwendungsmöglichkeiten.

2 Heringe werden mit Salz konserviert.

Wie viel Salz braucht der Mensch? Täglich werden vom „Salz des Lebens" 2 bis 3 g benötigt, um Verluste über Nieren, Darm und Haut auszugleichen. 80 g Salz wirken im Organismus als Basis des Blutes und der Zellflüssigkeit. Salz regelt den Wasserhaushalt zwischen den Zellen. Es beeinflusst die Erregungsleitung in den Nerven. In den Nieren werden täglich etwa 170 Liter Filtrat gebildet, das entspricht ca. 1,5 kg Salz. Blut, Tränen und Schweiß – Salz ist immer dabei.

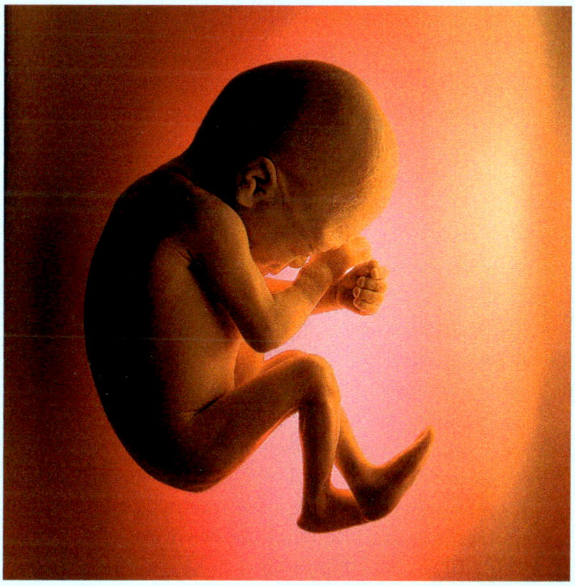

3 Das menschliche Leben entsteht in einer 1%igen Salzlösung.

Salz hilft heilen Meersalz zur Therapie von Hautkrankheiten gibt es nicht nur am Toten Meer mit seinem Salzgehalt von über 25 %. Auch Solebäder und vernebelte Sole lindern die Beschwerden von Asthmatikern, Lungenkranken und Allergikern. Salzbergwerke, wie das vermutlich älteste Europas, die königliche Mine Wieliczka vor den Toren Krakaus (Polen), oder Berchtesgaden erwachen als „Krankenhäuser" mit Sole-Heilstollen zu neuem Leben. Wenn das „weiße Gold" Kranken hilft, trägt es auch heute noch seine Bezeichnung zu Recht.

4 Badende im Toten Meer

5 Kathedrale aus Salz im ehemaligen Salzbergwerk Wieliczka bei Krakau

Selbst untersucht Eigenschaften von Salzen

1 Untersuche die Beschaffenheit verschiedener Salze.
Betrachte Proben von verschiedenen Küchensalzen sowie von Kaliumchlorid und Magnesiumchlorid auch mit der Lupe.
Notiere alle feststellbaren Eigenschaften.
Entsorgung: Salze in Wasser lösen. Lösung in Sammelbehälter für Abwasser.

2 Prüfe die Härte verschiedener Salze.
Untersuche, ob sich die Kristalle von Natriumchlorid und eines Kaliumsalzes durch Krafteinwirkung eines Schlages verformen lassen.
Prüfe zum Vergleich ein Stück Zinn oder Blei.
Beschreibe deine Beobachtungen.
Entsorgung: Metalle wieder einsammeln. Feste Salze in Wasser lösen. Lösungen in Sammelbehälter für Abwasser.

3 Gewinne Salz aus Sole.
Vorsicht! Schutzbrille! Stelle eine Kochsalzlösung her und dampfe eine geringe Menge davon in einer Porzellanschale ein.
Entsorgung: Rückstand lösen, Lösung in Sammelbehälter für Abwasser.

4 Gewinne Siedesalz aus Steinsalz.
Aus Brocken von Steinsalz oder Viehsalz, einem Gemisch aus Kochsalz, Sand und Verunreinigungen, soll Kochsalz herausgelöst werden.
Plane ein Experiment, um das Stoffgemisch zu trennen und anschließend festes Kochsalz zu gewinnen.
Entsorgung: Feste Rückstände in Sammelbehälter für Hausmüll, Lösung in Sammelbehälter für Abwasser.

5 Erkunde die Löslichkeit verschiedener Salze in Wasser.
Gib in drei Reagenzgläser mit je 5 ml destilliertem Wasser jeweils eine Spatelspitze Natriumchlorid, Magnesiumchlorid und Calciumcarbonat. Verschließe die Reagenzgläser mit einem Stopfen und schüttle sie kräftig. Wiederhole die Zugabe der Salze so lange, bis ein Bodensatz zurück bleibt. Notiere die Anzahl der zugegebenen Stoffportionen.
Notiere deine Beobachtungen und vergleiche sie miteinander.
Erwärme die Lösungen mit dem Bodensatz in einem Wasserbad. Welchen Einfluss hat die Temperatur auf die Löslichkeit dieser Stoffe?
Entsorgung: Lösungen in Sammelbehälter für Abwasser.

6 Vergleiche eine Salzlösung und Wasser bezüglich einer Eigenschaft.
Gib in zwei hohe Bechergläser je 200 ml Wasser. Rühre in eines der Bechergläser reichlich 40 ml Kochsalz ein. Gib ein gekochtes Ei erst in das Wasser, danach in die Salzlösung.
Notiere deine Beobachtungen. Vergleiche die Volumen vor und nach dem Lösen des Kochsalzes. Zu welcher Eigenschaft der beiden Flüssigkeiten kannst du eine Aussage machen?
Entsorgung: Ei einsammeln, Lösung in Sammelbehälter für Abwasser.

7 Dampfe Lösungen von Salzen ein.
Vorsicht! Schutzbrille! Erhitze je 2 ml einer gesättigten Natriumchloridlösung und Kaliumchloridlösung in jeweils einer Porzellanschale.
Betrachte den Rückstand mit einer Lupe.
Entwickle Reaktionsgleichungen.
Entsorgung: Rückstände in Wasser lösen, Lösungen in Sammelbehälter für Abwasser.

8 Prüfe destilliertes Wasser, festes Natriumchlorid und eine Natriumchloridlösung auf elektrische Leitfähigkeit.

Gib in ein Becherglas etwa 10 g trockenes, festes Natriumchlorid, in ein anderes Becherglas einen großen trockenen Natriumchloridkristall und in ein drittes Becherglas 100 ml destilliertes Wasser. Prüfe mit einem Leitfähigkeitsprüfer die elektrische Leitfähigkeit des festen Natriumchlorids und des destillierten Wassers.

Gib die 10 g Natriumchlorid in das Becherglas mit dem destillierten Wasser. Rühre um, bis eine klare Natriumchloridlösung entstanden ist. Prüfe die Lösung ebenfalls auf elektrische Leitfähigkeit.

Vergleiche die Ergebnisse miteinander.

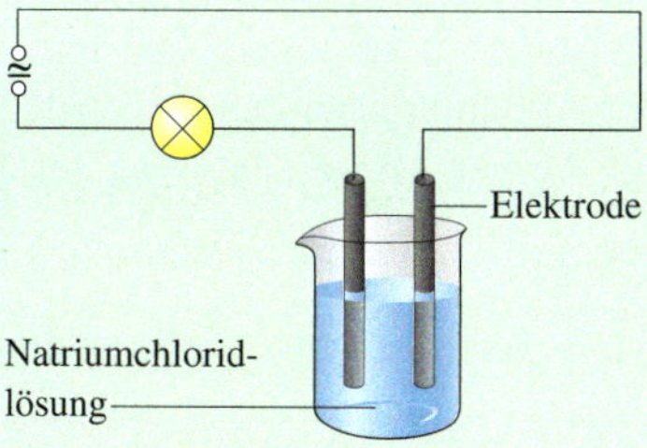

Entsorgung: Lösungen in Sammelbehälter für Abwasser. Natriumchloridkristalle einsammeln und wieder verwenden.

9 Prüfe Salzlösungen, destilliertes Wasser und Zuckerlösung auf elektrische Leitfähigkeit.

Ermittle mithilfe eines Leitfähigkeitsprüfers, ob Kaliumchloridlösung, Magnesiumchloridlösung, Kupfer(II)-chloridlösung (Xn), destilliertes Wasser und Zuckerlösung den elektrischen Strom leiten.

Entsorgung: Kupfer(II)-chloridlösung in Sammelbehälter I, andere Lösungen in Sammelbehälter für Abwasser.

10 Chemische Reaktion von Zink mit Iod.

Vorsicht! Schutzbrille! Gib in ein Reagenzglas, das eine reichliche Spatelspitze Zinkpulver enthält, 2–3 ml Wasser. Gib danach etwa 3–4 Kristalle Iod (Xn) dazu. Stelle das Reagenzglas im Reagenzglasständer ab. Die Reaktion kann plötzlich einsetzen. Notiere deine Beobachtungen.

Entsorgung: Verdünnte Lösung in Sammelbehälter für Abwasser; feste Rückstände in Sammelbehälter „Anorganische Chemikalienreste“.

11 Prüfe eine Salzschmelze auf elektrische Leitfähigkeit.

Vorsicht! Nur unter Aufsicht arbeiten! Erhitze Zinkchlorid (C, N) in einem Porzellantiegel bis zum Schmelzen. Tauche in die Schmelze einen Leitfähigkeitsprüfer.

Prüfe die erstarrte Schmelze erneut auf elektrische Leitfähigkeit.

Erkläre deine Beobachtungen.

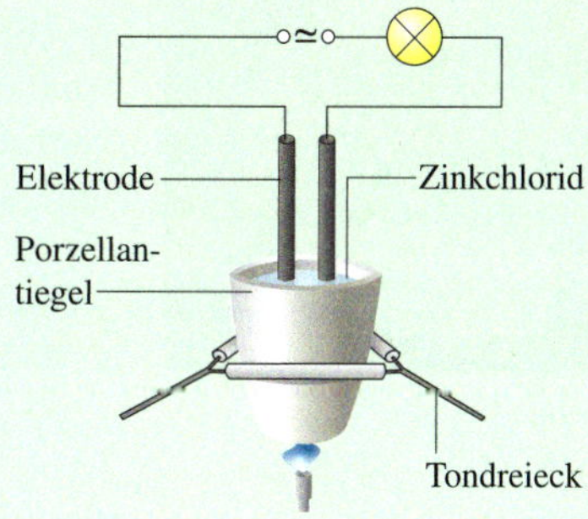

Entsorgung: Feste Salze in Wasser lösen. Lösungen in Sammelbehälter für Abwasser.

Natriumchlorid – ein aus Ionen aufgebauter Stoff

Die kleinen weißlichen Salzkristalle, mit denen wir unsere Lebensmittel würzen, sind als die chemische Verbindung Natriumchlorid erkannt. Was haben die Gefahrstoffe Natrium und Chlor mit dem Kochsalz zu tun? Was sind Ionen? Wie ist Kochsalz aufgebaut?

1

Kristalline Beschaffenheit In Stoffproben von Natriumchlorid sind regelmäßige, würfelförmige Kristalle zu erkennen. Die harten, spröden Kristalle sind farblos, in großer Anhäufung wirken sie weiß. ↑E.1, 2 S.90 Natriumchlorid löst sich gut in Wasser. ↑E.5, 6 S.90 Was geschieht beim Lösen mit den Kristallen?

2 Durch Verdampfen des Wassers erhaltene Natriumchloridkristalle aus einer Lösung

Teilchen im Natriumchlorid Die Festigkeit und die kristalline Beschaffenheit sind auf den Bau des Stoffes zurückzuführen. Die Eigenschaften ergeben sich aus der Art und der Anordnung der Teilchen, aus denen Natriumchlorid aufgebaut ist.

Natriumchloridlösung leitet den elektrischen Strom, Natriumchloridkristalle und destilliertes Wasser dagegen nicht. ↑E.8 S.91 Elektrische Leitfähigkeit setzt das Vorhandensein beweglicher, elektrisch geladener Teilchen voraus. Damit elektrischer Strom fließen kann, sind Ladungsträger erforderlich, die sich beim Einwirken eines elektrischen Feldes gerichtet bewegen können. In der Natriumchloridlösung sind sie offenbar vorhanden.

Diese in der Lösung vorhandene Teilchenart sind **Ionen**. Sie unterscheiden sich von anderen Teilchen wie Atomen und Molekülen, aus denen Stoffe aufgebaut sind, grundsätzlich durch ihre elektrische Ladung.

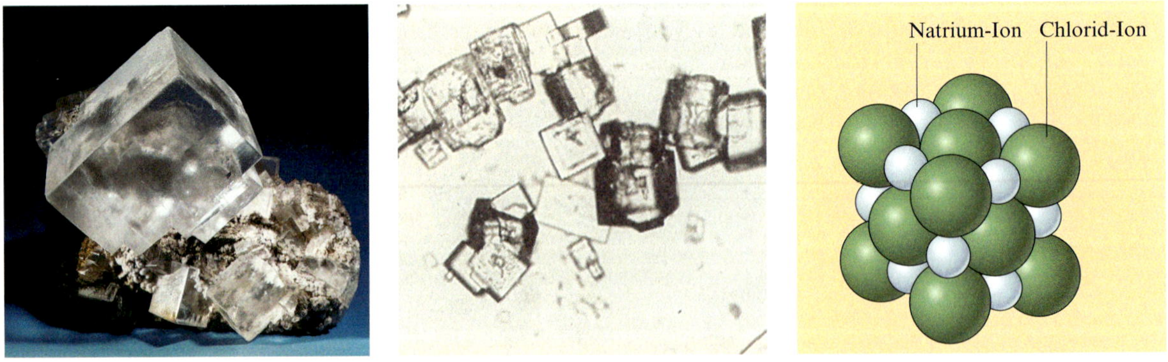

3 Natriumchloridkristalle und Modell vom Bau des Natriumchlorids

Ionen im Natriumchlorid Natriumchlorid ist aus ungleichnamig elektrisch geladenen Ionen aufgebaut. Die Natriumteilchen sind elektrisch positiv geladene Natrium-Ionen; die Chlorteilchen elektrisch negativ geladene Chlorid-Ionen.

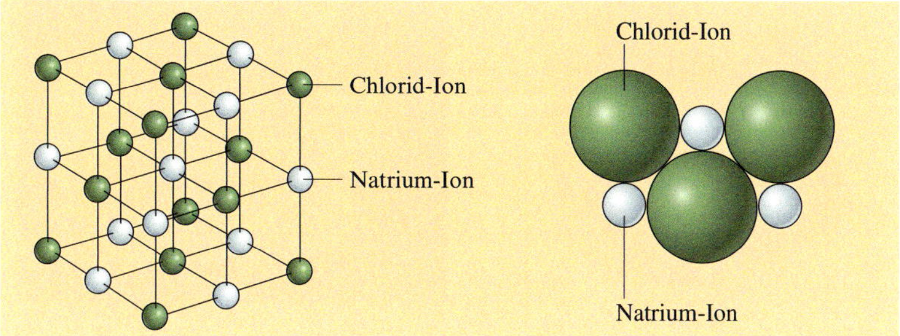

4 Modelle zum Bau von Natriumchlorid

Eine ungeheure Vielzahl dieser Ionen halten im Natriumchloridkristall zusammen. Sie bilden einen festen **Teilchenverband aus Ionen**. Die festgefügte Anordnung der Ionen im Kristall ist auch der Grund, weshalb festes Natriumchlorid den elektrischen Strom nicht leitet, obgleich es aus elektrisch geladenen Teilchen aufgebaut ist. ↑E.8 S.91 Jedes Natrium-Ion ist im Kristall von 6 Chlorid-Ionen und jedes Chlorid-Ion von 6 Natrium-Ionen umgeben. Die ungleichnamig elektrisch geladenen Natrium-Ionen und Chlorid-Ionen ziehen einander an. Starke Anziehungskräfte halten sie in dieser regelmäßigen Anordnung, dem so genannten Ionengitter, zusammen. Die Ionen sitzen fest an ihren Plätzen im Ionengitter. Deshalb sind die Kristalle so hart und leiten den elektrischen Strom nicht.

Ionen sind elektrisch positiv oder negativ geladene Teilchen in der Größenordnung von Atomen.

Atome und Ionen im Vergleich Warum gibt es sowohl positiv als auch negativ geladene Ionen? Weshalb sind die Natrium-Ionen stets positiv geladene Teilchen, Chlorid-Ionen dagegen stets negativ geladen?

Teilchen	Natrium-atom	Natrium-Ion
Anzahl der Protonen	11	11
Anzahl der Elektronen	11	10
elektrische Ladung des Teilchens	keine	einfach positiv geladen

Teilchen	Chlor-atom	Chlorid-Ion
Anzahl der Protonen	17	17
Anzahl der Elektronen	17	18
elektrische Ladung des Teilchens	keine	einfach negativ geladen

Schon gewusst?

Kristalle gibt es in der Natur in vielen Formen und Farben, oft auch bei Stoffen, die nicht aus Ionen bestehen.
Symmetrie in der Natur – am kostbaren Edelstein ebenso zu bewundern wie an schnell vergänglichen Eiskristallen.

Aufgaben

1 Vergleiche die Teilchen, aus denen Natriumchlorid, Natrium und Chlor aufgebaut sind.

2 Erläutere, weshalb Natrium-Ionen einfach positiv, Chlorid-Ionen dagegen einfach negativ geladen sind.

Salze sind Ionenverbindungen

Beim Betrachten der Kristalle von Kochsalz, Calciumfluorid und Kaliumchlorid fallen die Ähnlichkeiten dieser Stoffe auf. Haben diese Stoffe auch ähnliche Eigenschaften und einen ähnlichen Bau?

1 Kristalle von Calciumfluorid und Kaliumchlorid

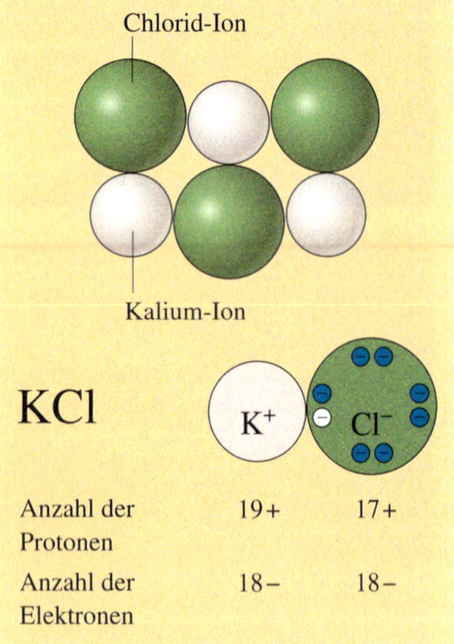

2 Ionen im Kaliumchlorid

Name, Symbol und elektrische Ladung einiger Ionen		
Name des Ions	Symbol	elektrische Ladung
Natrium-Ion	Na^+	1+
Magnesium-Ion	Mg^{2+}	2+
Calcium-Ion	Ca^{2+}	2+
Aluminium-Ion	Al^{3+}	3+
Chlorid-Ion	Cl^-	1−
Bromid-Ion	Br^-	1−

Ionen und Ionenbindung bei Metallhalogeniden Salz ist nicht gleich Salz! In den Salzlagerstätten finden sich neben dem bekannten Steinsalz (Halit) auch Kaliumchlorid (Sylvin) oder Calciumfluorid (Flussspat). Diese natürlich vorkommenden Minerale sind von großer wirtschaftlicher Bedeutung. Es sind Verbindungen aus Metallen und den Halogenen Fluor, Chlor, Brom oder Iod, so genannte **Metallhalogenide**. Die Kristalle dieser Mineralien bestehen wie beim Natriumchlorid aus einer riesengroßen Anzahl von Ionen. Positiv geladene Metall-Ionen und negativ geladene Chlorid-, Bromid- oder Iodid- Ionen ziehen sich gegenseitig an. Mit jeweils einer Achterschale (Edelgasschale) als Außenschale weisen beide Ionenarten eine stabile Elektronenanordnung auf. Der Zusammenhalt der Ionen im Kristall, ihre **chemische Bindung**, wird durch elektrostatische Anziehungskräfte zwischen den ungleichnamig geladenen Ionen bewirkt. Diese chemische Bindung wird als **Ionenbindung** bezeichnet. Sie bestimmt wesentlich den Bau von Salzen. Auch andere euch bereits bekannte Stoffe wie Magnesiumoxid und Calciumoxid sind aus Ionen aufgebaut, die durch Ionenbindung zusammenhalten. Sie gehören deshalb ebenfalls zu den **Ionenverbindungen**.

Elektrische Ladung von Ionen – Formeln von Halogeniden Die Art der elektrischen Ladung wird am Symbol des Elements hochgestellt angegeben. Hat das Ion mehr als eine elektrische Ladung, wird deren Anzahl als Ziffer vor dem Plus- bzw. Minuszeichen eingefügt.
Als chemische Zeichen für die angegebenen Salze werden Formeln benutzt. Da diese Stoffe große Teilchenverbände aus Ionen bilden, geben die Formeln jeweils nur das kleinstmögliche Zahlenverhältnis dieser Ionen an.

Aussagen aus Formeln von Metallhalogeniden			
Formel	kennzeichnet den Stoff	Zusammensetzung aus den Elementen	Zahlenverhältnis der Ionen
KCl	Kaliumchlorid	Kalium, Chlor	$K^+ : Cl^- = 1 : 1$
$CaBr_2$	Calciumbromid	Calcium, Brom	$Ca^{2+} : Br^- = 1 : 2$
$AlCl_3$	Aluminiumchlorid	Aluminium, Chlor	$Al^{3+} : Cl^- = 1 : 3$
$MgCl_2$	Magnesiumchlorid	Magnesium, Chlor	$Mg^{2+} : Cl^- = 1 : 2$

Einige Eigenschaften von Metallhalogeniden Einige Eigenschaften von Salzen könnt ihr jetzt aus deren Bau erklären. Die kristalline Beschaffenheit ist meist mit bloßem Auge sichtbar. Die durch Ionenbindung zusammengehaltenen Ionen bilden Kristalle, die regelmäßige Formen zeigen.
Die harten Kristalle der Salze lassen sich nicht so leicht verformen wie beispielsweise die Metalle. ↑E.2 S.90 Beim Einwirken einer großen Kraft auf die Salzkristalle verschieben sich Ionenschichten gegeneinander. Die Ionenbindung wird überwunden, es stehen sich gleichnamig geladene Ionen gegenüber, die sich gegenseitig abstoßen. Der spröde Kristall zerspringt. ↑3
Feste, aus Ionen aufgebaute Stoffe haben im Allgemeinen hohe Schmelztemperaturen. Beim Schmelzen salzartiger Stoffe muss die Ionenbindung überwunden werden. Bei Erwärmung schwingen die Ionen immer stärker im Ionengitter. Schließlich verlassen sie ihre Plätze, das Ionengitter wird zerstört. Die Ionen sind in der Schmelze frei beweglich. Diese Beweglichkeit der Ionen ist auf die Spaltung chemischer Bindungen zurückzuführen. Bewegliche Ionen in Salzschmelzen erklären auch deren elektrische Leitfähigkeit. ↑E.11 S.91

Ionensubstanzen sind kristallin, spröde und haben meist eine hohe Schmelztemperatur.

Bedeutung einiger Metallhalogenide Nicht nur das Natriumchlorid ist Bestandteil des Speisesalzes oder wichtiger Arzneimittel. ↑4
Der Gebrauch von iodiertem Speisesalz mit Zusatz von 0,04 bis 0,06 % eines **Fluorids** verbessert die Versorgung des Menschen mit den Elementen Iod und Fluor. Zum Aufbau des Knochenskeletts benötigt der Mensch täglich 1 bis 2 mg Fluorid. Deshalb wird Natriumfluorid auch dem Trinkwasser zugesetzt. Zahncremes enthalten Fluoride, um der Erkrankung durch Karies vorzubeugen. **Iodid-Ionen**, ebenso unentbehrlich im menschlichen Körper, beugen Schilddrüsenerkrankungen vor. Störungen der Herz- und Kreislauftätigkeit sowie des Körperwachstums wären die schädlichen Folgen von Funktionsstörungen der Schilddrüse. **Kaliumchlorid** enthält mit den Kalium-Ionen einen der Hauptpflanzennährstoffe. Es ist deshalb Bestandteil von Mineraldüngern.

Häufigkeit von Halogeniden in der Natur

Halogenid	Erdkruste in g/kg	Flusswasser in mg/l	Meerwasser in mg/l
Fluorid	0,63	0,1	1,4
Chlorid	0,13	10	2000
Bromid	0,0025	0,02	70
Iodid	0,0005	0,005	0,06

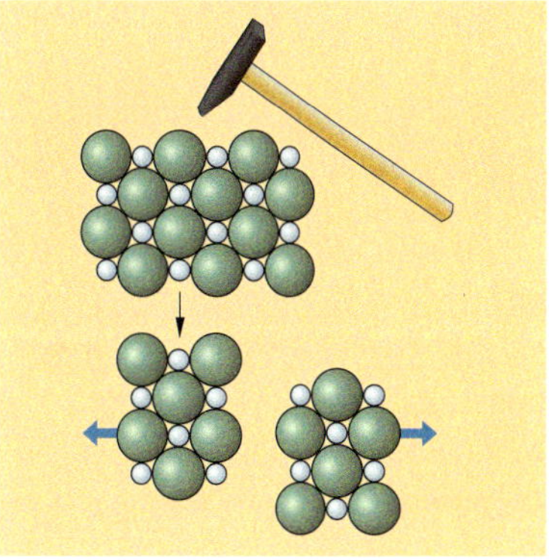
3 Ionenkristalle sind spröde.

Schmelztemperaturen einiger Ionenverbindungen

Name der Ionenverbindung	Schmelztemperatur in °C
Bariumchlorid	963
Calciumbromid	730
Calciumfluorid	1403
Kaliumchlorid	770
Magnesiumchlorid	712
Natriumchlorid	800
Natriumfluorid	992

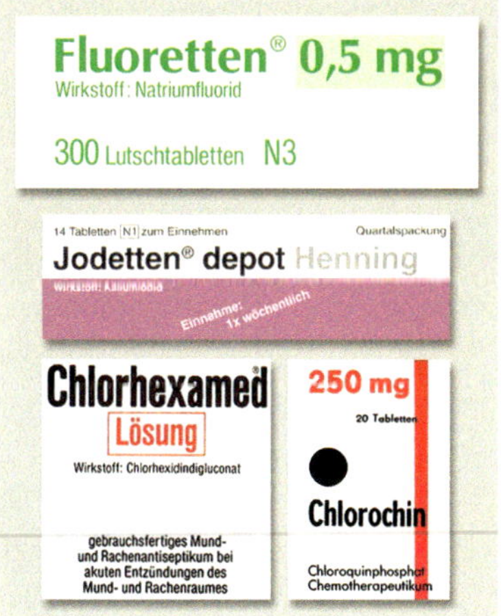

4 Verbindungen der Halogene in Medikamenten

Aufgaben

1 Gib an, wie die Art und die Anzahl der elektrischen Ladungen für Chlorid-, Bromid- und Iodid-Ionen zu ermitteln sind.

2 Beschreibe den Bau von Kaliumchlorid.

3 Gib Namen und Formeln von fünf Metallhalogeniden an. Ermittle die Verwendung dieser Stoffe.

Chemische Reaktionen von Metallen mit Halogenen

Mit grellem Licht glüht erhitztes, silbern glänzendes Natrium im Gasstrom von gelbgrünem Chlor auf. Eine chemische Reaktion findet statt. Was geschieht dabei im Bereich von Atomen, Ionen und Molekülen, den Teilchen der Stoffe?

1 Reaktion von Natrium und Chlor im Reaktionsrohr

EXPERIMENT 12 [L]
Chemische Reaktion von Natrium mit Chlor. F T C N
Vorsicht! Abzug! Schutzbrille!
Ein kleines Stück erhitztes Natrium (F, C) wird in einem Standzylinder mit Chlor (T, N) zur Reaktion gebracht.

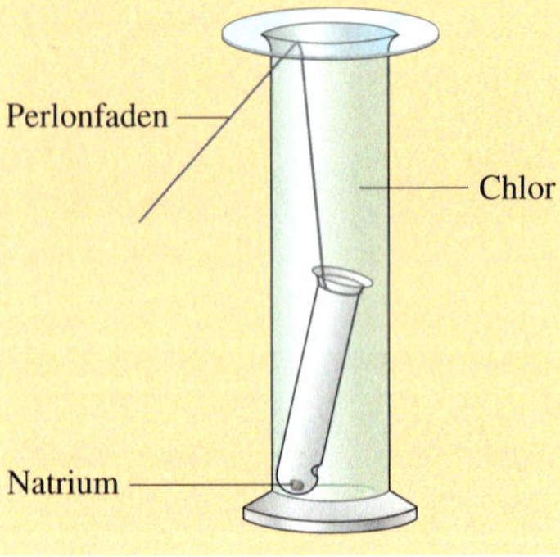

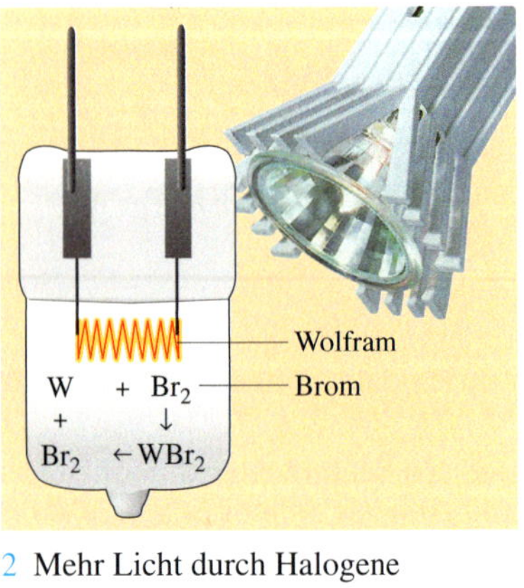

2 Mehr Licht durch Halogene

Halogene – die „Salzbildner" Die Bezeichnung Halogene deutet darauf hin, dass diese Stoffe bei chemischen Reaktionen Salze bilden können. Außer dem Natriumchlorid gibt es viele Salze, in denen die Elemente Fluor, Chlor, Brom oder Iod enthalten sind. An ihrem Verhalten gegenüber Metallen zeigt sich auch deutlich die chemische Ähnlichkeit der Halogene. Chlor reagiert mit Natrium mit intensiver Lichterscheinung in exothermer Reaktion. Der entstehende weiße, kristalline Stoff ist Natriumchlorid.

$2\,Na(s) + Cl_2(g) \longrightarrow 2\,NaCl(s)$ | exotherm

Aluminiumchlorid ist das Reaktionsprodukt der chemischen Reaktion von Aluminium mit Chlor.

$2\,Al(s) + 3\,Cl_2(g) \longrightarrow 2\,AlCl_3(s)$ | exotherm

Die Bildung der Reaktionsprodukte Aluminiumbromid bzw. Aluminiumiodid aus Aluminium und Brom bzw. Iod erfolgt ähnlich heftig, mit Wärme- und Lichterscheinungen verbunden.
Wie Chlor reagieren Brom und Iod zum Beispiel auch direkt mit Eisen, Magnesium oder Zink unter Bildung der **Bromide** bzw. der **Iodide**. ↑E.10 S.91 Die erhitzten Metalle glühen in den Halogenen auf. Ein weißer oder farbiger Rauch setzt sich dabei an der Gefäßwand ab. Die als Reaktionsprodukte gebildeten festen **Halogenide** sind Salze.
Halogenlampen enthalten wie normale Glühlampen eine Edelgasfüllung, aber zusätzlich etwas Brom oder Iod. Werden bei üblichen Glühlampen nur ungefähr 5 % der aufgewendeten elektrischen Energie als Licht abgestrahlt, beträgt die Lichtausbeute bei Halogenlampen etwa das Vierfache. In einer Halogenlampe verdampft das Metall Wolfram bei der hohen Glühtemperatur der Glühwendel. An der kälteren Kolbenwand reagiert das verdampfte Wolfram mit dem Brom bzw. Iod und bildet Wolframhalogenid. An der heißesten Stelle der Wendel wird das Wolframhalogenid wieder zersetzt. Das abgeschiedene Wolfram „heilt" damit dünne Stellen der Wendel und erhöht die Lebensdauer der Halogenlampe. ↑2

Viele Metalle reagieren mit Chlor, Brom oder Iod direkt unter Bildung von Halogeniden. Diese Halogenide sind Salze, aus Ionen aufgebaute Stoffe.

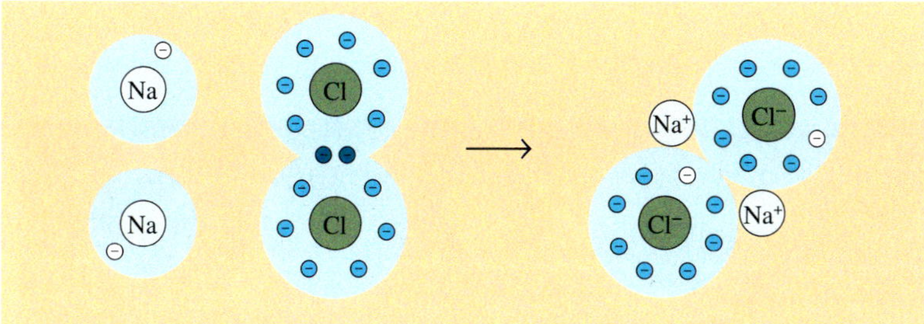

3 Bildung von Natriumchlorid aus Natrium und Chlor im Modell

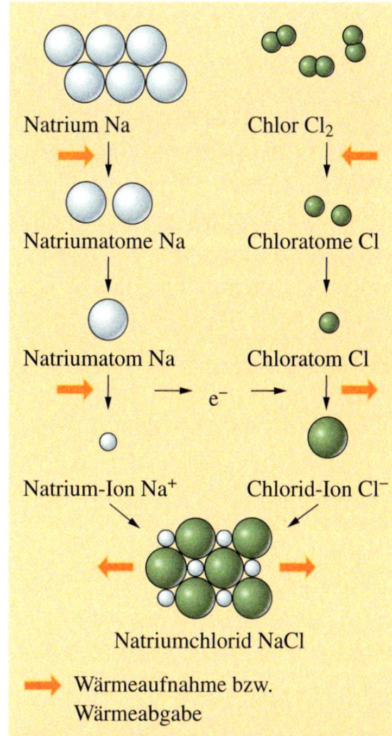

4 Energieumwandlungen bei der Bildung von Natriumchlorid

Wie aus Atomen Ionen werden können Aus einigen Metallen und Halogenen entstehen bei chemischen Reaktionen miteinander Ionensubstanzen. In den Ausgangsstoffen liegen Atome von Metallen und Moleküle der Halogene vor. Das Reaktionsprodukt ist aus Ionen aufgebaut. Stoffe mit unterschiedlichem Bau sind an einer chemischen Reaktion beteiligt. Während der chemischen Reaktion von Natrium mit Chlor kommt es zur Ionenbildung. Jedes Natriumatom besitzt ein Elektron auf seiner Außenschale; dagegen besitzen Chloratome sieben Außenelektronen. Eine stabile Elektronenanordnung ist für jedes Teilchen eines Elementes mit einem Elektronenoktett zu erreichen. Aus Natriumatomen werden einfach positiv geladene Natrium-Ionen durch Abgabe von jeweils einem Elektron. Von den Atomen der Chlormoleküle werden die Elektronen aufgenommen, die dadurch einfach negativ geladene Chlorid-Ionen bilden. Durch Abgabe oder Aufnahme von Elektronen können aus Atomen Ionen gebildet werden. ↑3

Elektronenabgabe: $Na \longrightarrow Na^+ + e^-$
Elektronenaufnahme: $Cl + e^- \longrightarrow Cl^-$

Elektronenabgabe
$2\,Na + Cl_2 \longrightarrow 2\,NaCl$
Elektronenaufnahme

Bildung von Ionensubstanzen – Elektronenübergang Durch die gleichzeitige Abgabe und Aufnahme von Elektronen findet bei dieser chemischen Reaktion ein **Elektronenübergang** statt.

$2\,Na + Cl_2 \longrightarrow 2\,NaCl$
Elektronenübergang

Auch bei der Bildung anderer Ionensubstanzen geschieht ein solcher Elektronenübergang. Die Teilchen der Stoffe verändern sich, sie ordnen sich nicht nur um. Mit dem Elektronenübergang sind Energieumwandlungen verbunden, die insgesamt zu einer stark exothermen Reaktion führen. ↑4

Bei der Reaktion eines Metalls mit einem Halogen findet zwischen den Teilchen der reagierenden Stoffe ein Elektronenübergang statt.

Aufgaben

1 Schlage eine Möglichkeit vor, festes Zinkbromid aus Zinkpulver und wässriger Bromlösung darzustellen.

2 Erläutere die Stoff- und Energieumwandlung sowie die Veränderung der Teilchen bei der chemischen Reaktion von Magnesium mit Iod.

Lösungen von Salzen

Das wohl salzigste Gewässer der Erde ist der Assalsee mit einem Salzgehalt von 34,8 %. In einem entlegenen Wüstengebiet Ostafrikas 173 m unter dem Meeresspiegel gelegen, bedeckt er eine Fläche von 54 km². Wie ist zu erklären, dass an seinen Ufern würflige Salzkristalle zu meterdicken Platten verkrusten?

1 Der Assalsee ist Ostafrika

2 Lösen eines Salzes

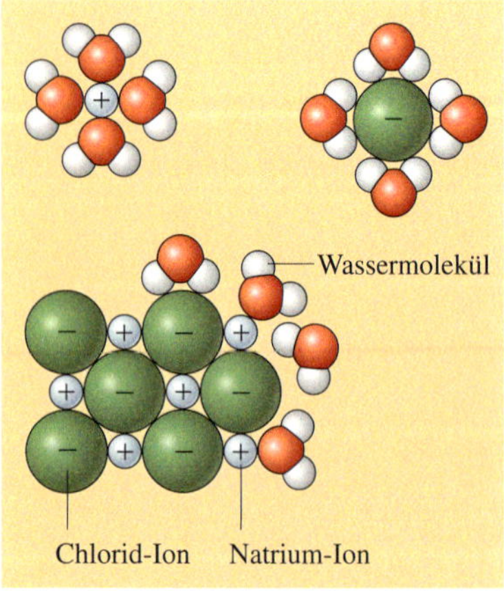

3 Modell zum Lösen eines Salzes

Was geschieht beim Lösen einer Ionenverbindung? In der Natur, vor allem im Boden, werden Ionenverbindungen mehr oder weniger rasch in Wasser gelöst. Als Pflanzennährstoffe eingesetzte Mineraldünger können nur wirken, wenn sich die Düngesalze gelöst haben. Die Pflanzennährstoffe Kalium, Phosphor, Stickstoff, Calcium oder Magnesium werden für die Pflanzen erst verfügbar, wenn die Elemente als Ionen oder in Ionen gebunden vorliegen. Erst dann können die Wurzeln diese Pflanzennährstoffe aufnehmen.

Aus den kristallinen Ionenverbindungen wie Kaliumchlorid und Magnesiumchlorid bilden sich mit Wasser Lösungen. Beim Lösen eines Salzes lagern sich Wassermoleküle zunächst an der Oberfläche der Salzkristalle an und dringen zwischen die Ionen. Die Anziehungskräfte zwischen den Ionen werden überwunden und die Ionen gehen in Lösung. Der Vorgang wiederholt sich, bis die Salzkristalle vollständig gelöst sind. Das Ionengitter wird beim Lösen abgebaut.

Salzkristalle lösen sich sichtbar leicht in Wasser, dennoch muss zum Abbau des Ionengitters Energie aufgewendet werden. Die chemische Bindung zwischen den Ionen wird nur unter Energieaufwand gespalten. Der scheinbare Widerspruch kann damit erklärt werden, dass die elektrisch geladenen Ionen Wassermoleküle anziehen und sich jeweils mit einer Hülle aus Wassermolekülen umgeben. Bei diesem Vorgang, der **Hydratation**, wird Wärme an die Umgebung abgegeben. Diese Wärme reicht oft aus, um die Ionenbindung im Kristall zu überwinden.

Die von einer Hülle aus Wassermolekülen umgebenen Ionen werden **hydratisierte Ionen** genannt. Sie sind in der Lösung frei beweglich.

Die Ionen von Salzen werden bei deren Lösen in Wasser von einer Hülle aus Wassermolekülen umgeben. Solche Ionen werden hydratisierte Ionen genannt.
Die hydratisierten Ionen sind in der Lösung frei beweglich.

Ionen in Reaktionsgleichungen Die Lösung einer Ionenverbindung hat andere Eigenschaften als das feste Salz. Beim Lösen finden Energieumwandlungen statt. Teilchen ordnen sich um. Warum sollte man diesen Vorgang nicht wie eine chemische Reaktion betrachten?
Das Lösen von Ionenverbindungen, z. B. von Natriumchlorid, lässt sich durch Wortgleichungen darstellen.

Natriumchlorid + Wasser ⟶ Natriumchloridlösung

In einer Reaktionsgleichung für diesen Vorgang, der auch als **Dissoziation** (lat. dissociare – trennen) bezeichnet wird, verzichtet man oft auf die Angabe des Wassers. Es werden nur die Formel des festen Ausgangsstoffes und die chemischen Zeichen der in der Lösung vorliegenden Ionen angegeben. Die Angabe „(aq)" an den chemischen Zeichen macht deutlich, dass es sich um Teilchen in einer wässrigen Lösung handelt. Solche Reaktionsgleichungen sind **Ionengleichungen**.

$NaCl(s) \longrightarrow Na^+(aq) + Cl^-(aq)$

Es ist darauf zu achten, dass das Verhältnis der Ionen im Ionenkristall berücksichtigt wird. Die Anzahl der positiven elektrischen Ladungen muss in der Ionengleichung gleich der Anzahl der negativen elektrischen Ladungen sein.

$CaCl_2(s) \longrightarrow Ca^{2+}(aq) + 2\,Cl^-(aq)$

Von Siedepfannen und Salzgärten Festes Salz, in der Saline produziert, bleibt aus der Sole von Salzbergwerken zurück. Aus Meerwasser gewonnen, in Salzgärten geerntet, lagert kristallines Salz an Meeresküsten.
↑E.3, 4, 7 S.90
Festes Salz bleibt nach dem Eindampfen der Lösungen zurück. Die Lösung wird durch den Entzug von Wasser eingeengt. Es sind nicht mehr alle Ionen von einer Hülle aus Wassermolekülen umgeben. Die Anziehungskräfte der ungleichnamig elektrisch geladenen Ionen wirken nun so stark, dass sich diese wieder regelmäßig zum Ionengitter anordnen und durch Ionenbindung zusammengehalten werden. Kristalle entstehen, die für das Natriumchlorid immer würfelförmig sind.
Die Ionengleichung dafür lautet:

$Na^+(aq) + Cl^-(aq) \longrightarrow NaCl(s)$
Dieser Vorgang verläuft umgekehrt zum Lösen von Salzen.

Der Abbau von Ionengittern beim Lösen von Salzen und der Aufbau von Ionengittern beim Eindampfen ihrer Lösungen sind einander entgegengesetzt verlaufende Vorgänge.

Schon gewusst?

Natrium und Kalium gelten als „Gegenspieler" im menschlichen Organismus. Mit zu kochsalzreicher Kost wird Wasser im Gewebe angestaut. Kartoffeln, Reis, Blumenkohl, Spinat oder Nüsse sind dagegen gute Kaliumlieferanten. Kaliumreiche Ernährung und natriumarmes Mineralwasser – gut für die Gesundheit. Aber falsch ausgedrückt aus chemischer Sicht?!

4 Salzgewinnung aus Meerwasser

Aufgaben

1 Entwickle die Reaktionsgleichung für das Lösen von Kupfer(II)-chlorid (Formel $CuCl_2$).

2 Gib die chemischen Zeichen für die Ionen der Elemente Aluminium, Brom, Calcium, Lithium und Sauerstoff an.
Begründe die elektrische Ladung dieser Ionen.

3 Ein Quellfluss der Weser, die Werra, war in den 70er und 80er Jahren des 20. Jh. stark „versalzt". Erkläre diese Erscheinung. Welche Folgen waren damit verbunden?

4 In Dampfbügeleisen soll entsalztes Wasser verwendet werden. Begründe!

Elektrische Leitfähigkeit und Salze

Salzlösungen und Salzschmelzen leiten den elektrischen Strom. Welche Vorgänge laufen dabei in der Lösung und der Schmelze ab? Welche Vorgänge laufen an den Elektroden ab?

1

EXPERIMENT 13 [L]

Prüfen einer Salzschmelze auf elektrische Leitfähigkeit.

Vorsicht! Schutzbrille!

Natriumnitrat (O) wird in einem Porzellantiegel bis zur Schmelze erhitzt. In die Schmelze ist ein Leitfähigkeitsprüfer zu tauchen.

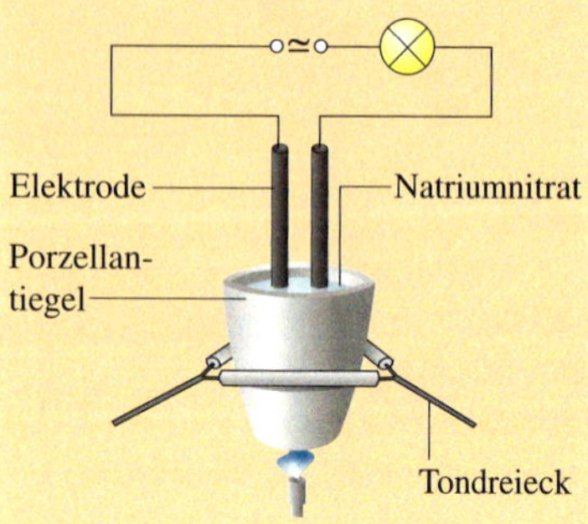

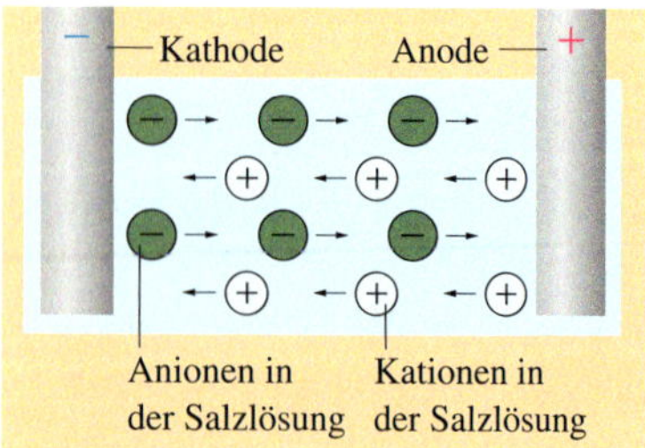

2 Modell vom Ladungstransport in einer Salzlösung

Ionen als Ladungsträger Elektrischer Strom fließt üblicherweise durch Metalldrähte. Elektronen bewegen sich gerichtet im elektrischen Feld. Experimentell wurde ermittelt, dass Lösungen von Salzen ebenfalls elektrischen Strom leiten.

In Lösungen von Ionenverbindungen sind bewegliche Ionen vorhanden, nachdem Salzkristalle in Wasser gelöst wurden. So ist zu erklären, dass Lösungen von Salzen den elektrischen Strom leiten. Zuckerlösung leitet hingegen elektrischen Strom nicht, in der Lösung liegen keine Ionen vor. Zuckerkristalle sind aus Molekülen, nicht aus Ionen aufgebaut. ↑E.9 S.91

Lösungen leiten elektrischen Strom nur, wenn sie bewegliche Ionen enthalten.

Im festen Salz vorhandene, aber an ihre Plätze im Ionengitter gebundene Ionen müssten beweglich werden, wenn sie als Ladungsträger wirken sollten. Beim Erhitzen eines Salzes kann eine Salzschmelze entstehen, die im Gegensatz zum festen Salz den elektrischen Strom leitet. ↑E.11 S.91

Untersuchen der elektrischen Leitfähigkeit Mit Kenntnissen über den Bau der Stoffe können wir diese Eigenschaft erklären. In Salzlösungen und Salzschmelzen sind positiv und negativ geladene Ionen die beweglichen Ladungsträger. Sobald eine ausreichende elektrische Spannung angelegt wird, wandern die beweglichen Ionen durch die Flüssigkeiten. Elektrisch positiv geladene Ionen bewegen sich zur Kathode, dem Minuspol. Die elektrisch negativ geladenen Ionen wandern dagegen zur Anode, dem Pluspol. Diese einander entgegengesetzte Bewegung der Ionen in Salzlösungen oder Salzschmelzen ist eine Voraussetzung für die elektrische Leitfähigkeit von Flüssigkeiten. Ionen können sich allerdings nur in Lösungen oder Schmelzen bewegen, nicht in festen Stoffen. Durch Entladen der Ionen an den Elektroden wird der Stromkreis geschlossen.

Salzschmelzen und Salzlösungen leiten aufgrund beweglicher Ionen den elektrischen Strom.

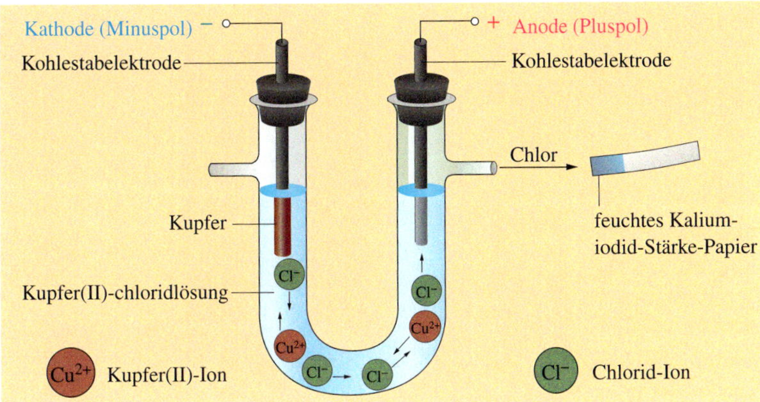

3 Einwirken elektrischer Gleichspannung auf eine Kupfer(II)-chloridlösung

EXPERIMENT 14 [L]

Elektrolyse einer Kupfer(II)-chloridlösung.

In ein U-Rohr wird eine 5%ige Kupfer(II)-chloridlösung (Xn) gegeben. An die Kohlestabelektroden ist elektrische Gleichspannung anzulegen. ↑3

Entladung von Ionen Was geschieht, wenn in eine Kupfer(II)-chloridlösung Elektroden tauchen, an denen eine Gleichspannung anliegt? Unter dem Einfluss der Gleichspannung haftet nach einiger Zeit an der Kathode ein brauner Belag. Gleichzeitig entweicht an der Anode ein stechend riechendes, grünliches Gas. ↑3

Aus Kupfer-Ionen der Lösung entsteht unter dem Einfluss der Gleichspannung metallisches Kupfer, Kupferatome. Die Kupfer-Ionen werden entladen. Sie nehmen an der Kathode Elektronen auf. Die in der Lösung vorhandenen Chlorid-Ionen geben an der Anode Elektronen ab und werden zu Chloratomen. Diese bilden Chlormoleküle; Chlorgas entweicht. Diese „Zerlegung" eines Stoffes durch elektrischen Strom wird als **Elektrolyse** bezeichnet. Die Entladung der Ionen einer Salzlösung führt dazu, dass an den Elektroden Stoffe abgeschieden werden.

Ionen „wandern" in Lösungen Auf die einander entgegengesetzte Bewegung von Ionen in Lösungen ist auch der Name dieser Teilchen zurückzuführen (griech. ion – gehend, wandernd).

Wird eine Lösung aus einem blauen Kupfersalz und einem gelben Chromsalz zwischen Elektroden gebracht, wandern aus der grünlichen Lösung eine blaue und eine gelbe Farbzone heraus. ↑4 Die blaue Farbe beruht auf dem Vorliegen von elektrisch positiv geladenen Kupfer-Ionen, die in Richtung der Kathode wandern. Elektrisch positiv geladene Ionen werden als **Kationen** bezeichnet. Die gelbe Farbzone ist durch elektrisch negativ geladene Ionen des Chromsalzes bedingt, die sich in Richtung der Anode bewegen. Deshalb heißen elektrisch negativ geladene Ionen **Anionen**.

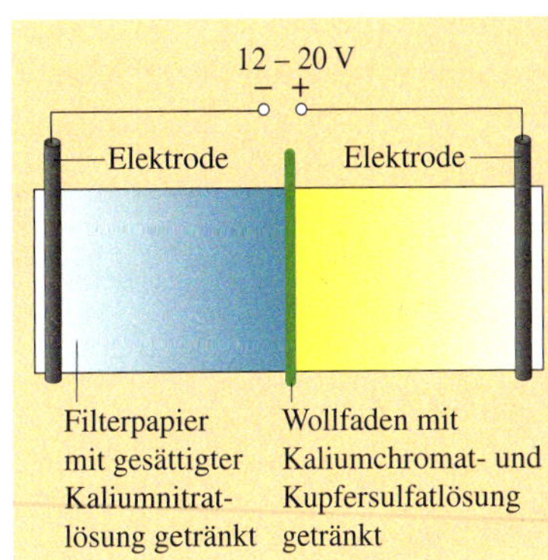

4 Ionenwanderung

Kationen sind elektrisch positiv geladene Ionen; Anionen dagegen elektrisch negativ geladene Ionen.

Aufgaben

1 Kaliumiodid, Bleichlorid, Natriumbromid und Zucker sind kristalline Stoffe. Sie werden auf elektrische Leitfähigkeit geprüft. Sage experimentelle Ergebnisse vorher. Begründe.

2 In eine Zinkbromidlösung tauchen Elektroden, an die eine elektrische Gleichspannung angelegt wird. Welche Beobachtungen wären vermutlich zu machen? Erläutere die Vorgänge.

Technische Anwendungen der Elektrolyse

Bedeutung technischer Elektrolysen Von der chemischen Industrie wird eine Vielzahl von Stoffen hergestellt. Unter anderem werden auch Elemente gewonnen, die als Ausgangsstoffe in chemischen Reaktionen oder wie viele Metalle als Element verwendet werden. Um unedle Metalle wie Natrium, Magnesium und Aluminium, Nichtmetalle wie Chlor und Wasserstoff oder auch Grundchemikalien wie Natronlauge herzustellen, ist die Elektrolyse häufig ein günstiges Verfahren.

1 Produkte, zu deren Herstellung Chlor verwendet wird

Gewinnung von Natrium aus Steinsalz Zur Herstellung von Natrium ist die Elektrolyse einer Natriumchloridlösung nicht geeignet, da sich hierbei an der Anode Chlor und an der Kathode Wasserstoff statt des gewünschten Natriums bilden.
Um Natrium aus Steinsalz zu gewinnen, wird deshalb eine Natriumchloridschmelze elektrolysiert. Die Schmelzflusselektrolyse von Natriumchlorid wird in einer sogenannten Downs-Zelle durchgeführt. Die Downs-Zelle besteht aus einem zylinderförmigen Behälter, in dessen Zentrum sich die Anode aus Graphit befindet. ↑2 Die Kathode aus Eisen ist ringförmig um die Anode angeordnet. Über Anode und Kathode befinden sich Vorrichtungen, mit denen die Elektrolyseprodukte aus der Downs-Zelle abgeführt werden.

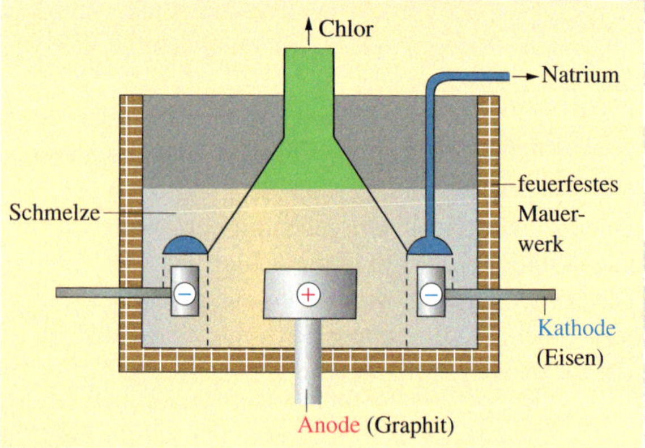

2 Schema einer Downs-Zelle

3 Halle mit Elektrolysezellen zum Herstellen von Wasserstoff, Chlor und Natronlauge

Die Schmelztemperatur des Natriumchlorids beträgt 800 °C. In der Industrie elektrolysiert man ein Gemisch aus Natriumchlorid, Calciumchlorid und Bariumchlorid, dessen Schmelztemperatur nur etwa 600 °C beträgt, wodurch Energie eingespart wird. Bei der Elektrolyse wandern die Natrium-Ionen zur Kathode und nehmen dort Elektronen auf. Das gebildete Natrium sammelt sich unter einer Abdeckung über der Kathode und fließt in einen Tank. Die Chlorid-Ionen wandern zur Anode und geben Elektronen ab. Die gebildeten Chloratome verbinden sich zu Chlormolekülen. Das gasförmige Chlor entweicht über eine trichterförmige Glocke über der Anode in einen Sammelbehälter. Die Schmelzflusselektrolyse von Natriumchlorid wird bei einer Spannung von 6 bis 7 V und mit einer Stromstärke von etwa 42 000 A durchgeführt. In einer Downs-Zelle können etwa 800 kg Natrium pro Tag produziert werden. Der Energieverbrauch beträgt 10 bis 11 kWh für die Produktion von 1 kg Natrium.

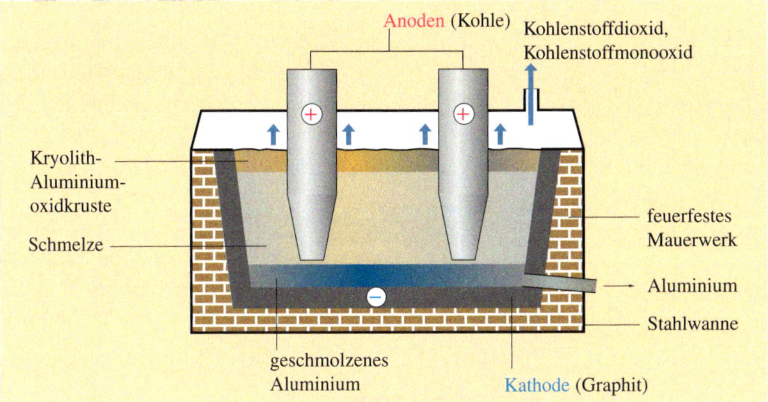

4 Schema eines Elektrolyseofens zur Aluminiumgewinnung

5 Abbau von Bauxit im Tagebau

Gewinnung von Aluminium aus Bauxit Für die Herstellung von Aluminium wird das Mineral Bauxit verwendet, das Aluminiumhydroxid und Aluminiumoxid enthält. ↑5 Aus dem Bauxit wird zunächst reines Aluminiumoxid hergestellt. Wie auch beim Natrium ist für die Herstellung von Aluminium nur die Schmelzflusselektrolyse sinnvoll.

Die Elektrolysezelle, der Elektrolyseofen, besteht aus einer mit feuerfestem Mauerwerk und mit Graphit ausgekleideten Stahlwanne. ↑4 Die Graphitauskleidung dient als Kathode. Die Kohleanoden ragen von oben in die Schmelze. Da die Schmelztemperatur von reinem Aluminiumoxid 2045 °C beträgt, wird dem Aluminiumoxid Kryolith (Natriumaluminiumfluorid, Formel Na_3AlF_6) zugemischt. Die Schmelztemperatur des Gemischs beträgt etwa 950 °C. Bei der Elektrolyse wandern Aluminium-Ionen zur Kathode und nehmen Elektronen auf. Das gebildete Aluminium wird in regelmäßigen Abständen aus dem Elektrolyseofen abgesaugt. An der Anode bildet sich Sauerstoff, der mit dem Anodenmaterial zu Kohlenstoffdioxid und Kohlenstoffmonooxid reagiert. Die Kohleanoden verbrauchen sich und müssen in bestimmten Abständen ersetzt werden.

Die Herstellung von Aluminium durch Schmelzflusselektrolyse ist sehr energieaufwändig. 2004 betrug der Energieverbrauch für die Produktion von 1 kg Aluminium etwa 15 kWh. Der Energieverbrauch ist aber deutlich höher, wenn man die Herstellung des Aluminiumoxids, der Kohleelektroden und die Bereitstellung des Kryoliths mit berücksichtigt.

6 Abstich von Aluminium

Info

Das Recycling von Aluminium ist äußerst vorteilhaft. Gegenüber der Herstellung aus Bauxit können hierbei bis zu 95 % Energie eingespart werden.

Arbeitsaufträge

1 Informiere dich, wofür elementares Natrium verwendet wird. Erkunde den jährlichen Bedarf an Natrium in Deutschland.

2 Begründe, warum das unedlere Natrium nicht zur Herstellung von Aluminium aus Aluminiumoxid eingesetzt wird.

3 Recherchiere, welche Energieträger weltweit bei der Schmelzflusselektrolyse zur Herstellung von Aluminium für die Erzeugung des elektrischen Stroms genutzt werden. Gib Gründe für die Auswahl der Produktionsstandorte für Aluminium an.

4 Im Jahr 2004 wurden weltweit 30,2 Mio. t Aluminium aus Bauxit und 7,8 Mio. t Recycling-Aluminium produziert.
Berechne die Anzahl der Haushalte, die mit der zur Weltjahresproduktion von Aluminium benötigten Elektroenergie ein Jahr lang versorgt werden könnten. Orientiere dich dabei am jährlichen Stromverbrauch deiner Familie.

5 Erstelle eine Übersicht über Herstellung, Verwendung und Verbrauch von Aluminium in Deutschland.

1 Täglich benötigt der Mensch etwa 3 g des lebensnotwendigen Kochsalzes. Diese Portion scheint groß, bedenke aber, dass sich beispielsweise in 100 g Brot ungefähr 1 g Salz „versteckt“.
Ermittle für unsere wichtigsten Nahrungsmittel den Gehalt an Kochsalz und entwirf ein Poster zu dem Thema „Natriumchlorid – lebensnotwendig oder gesundheitsschädlich“.

2 Finde kristalline Stoffe in der Chemikaliensammlung der Schule. Suche mit Unterstützung der Chemielehrerin bzw. des Chemielehrers Stoffe von kristalliner Beschaffenheit heraus. Betrachte einzelne Kristalle auch mit einer Lupe.
Notiere die Namen und möglichst auch die Formeln der Stoffe. Ermittle mithilfe eines Tabellenwerkes weitere Eigenschaften der Stoffe.

3 Das weiße kristalline Caesiumchlorid ist eine chemische Verbindung, die u. a. bei der Reinigung von Nukleinsäuren in medizinischen Forschungslabors eine Rolle spielt.

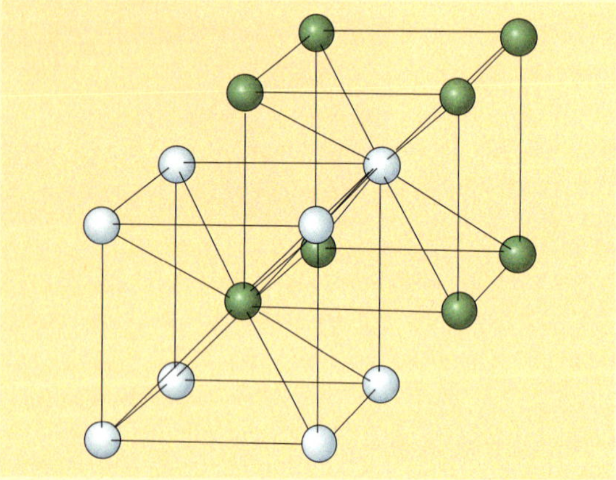

1 Modell vom Bau des Caesiumchlorids

Leite Aussagen über den Bau dieses Stoffes aus dem Modell ab. Gib dazu die Teilchen, deren chemische Bindung und ihre Anordnung an. Schließe aus dem Bau auf Eigenschaften des Stoffes. Überprüfe deine Vermutungen durch Recherche.

4 Aus unterschiedlich gefärbten Styroporkugeln könntest du das Modell eines Kristallgitters z. B. für Kaliumchlorid bauen.
Beschreibe, wie du beim Konstruieren und Bauen des Modells vorgehen würdest.
(Hinweis: Falls du etwas kleben willst, darfst du nur einen für Styropor geeigneten Kleber verwenden.)

5 Ein seltsamer Salzfelsen im Wadi el-Melah in Algerien gibt Geologen Rätsel auf. Er besteht nur aus Steinsalz und hat sich im Laufe der Zeit kaum verändert. Warum rätseln die Geologen darüber? Stelle Vermutungen zur Lösung des Rätsels an.

2 Felsen im Wadi el-Melah

6 Bei starker körperlicher Anstrengung, extremer Hitze oder intensivem Sporttraining kann ein Mensch bis zu 10 l des auf der Haut salzig schmeckenden Schweißes absondern.
Ermittle die ungefähre Konzentration an Salzen im Schweiß. Wie ist ein solcher Verlust für den Wasser- und Mineralienhaushalt unseres Körpers am besten auszugleichen?

7 **Stelle eine Kältemischung her.**
Löse 39 g Natriumbromid und/oder 30 g Calciumchlorid jeweils unter Rühren in einem Becherglas mit 100 ml Eiswasser. (Stelle das Eiswasser her, indem du etwa 80 ml Eisstückchen mit Wasser auf 100 ml auffüllst. Warte bis eine Temperatur von 0 °C erreicht ist.)
Miss während des Lösens die Temperatur, bis der tiefste Wert erreicht ist.
Erläutere den Lösevorgang und die stattfindenden Energieumwandlungen.
Entsorgung: Lösungen in Sammelbehälter für Abwasser.

8 In einer Mineraliensammlung ist der durchscheinende, regelmäßig geformte Calcit zu finden. Erkunde, um welche chemische Verbindung es sich dabei handelt.
Stelle Fotos schöner Mineralien zusammen.

Salze

Es sind harte und spröde kristalline Stoffe, die meist eine hohe Schmelztemperatur haben. Im festen Zustand leiten sie den elektrischen Strom nicht, ihre Schmelzen und wässrigen Lösungen leiten dagegen den elektrischen Strom.

Bau von Salzen

Salze sind Ionensubstanzen, die aus positiv elektrisch geladenen Metall-Ionen (Kationen) und negativ elektrisch geladenen Ionen (Anionen) aufgebaut sind. Zwischen den Kationen und Anionen liegt Ionenbindung vor. Die ungleichnamig elektrisch geladenen Ionen sind in einem Ionengitter regelmäßig angeordnet.

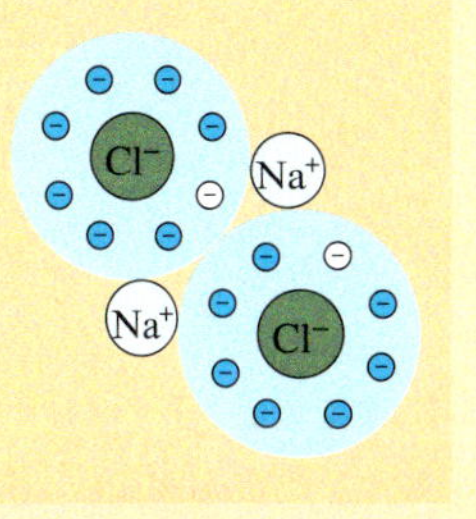

Ionen

Elektrisch positiv oder negativ geladene Teilchen in der Größenordnung von Atomen.
Chemische Zeichen für Ionen enthalten die Art und die Anzahl der elektrischen Ladungen, z. B. Ca^{2+}, Cl^-.

Ionenbindung

Art der chemischen Bindung, die durch Anziehungskräfte zwischen ungleichnamig elektrisch geladenen Ionen bewirkt wird.

Ionengitter

Modellvorstellung zur regelmäßigen Anordnung der Ionen in Ionenkristallen.

Bildung von Ionen

Ionen können aus Atomen durch Abgabe oder Aufnahme von Elektronen entstehen. Durch Abgabe von Elektronen aus Atomen entstehen Kationen, z. B. Metall-Ionen, durch Aufnahme von Elektronen Anionen, z. B. Chlorid-Ionen.

Ionengleichung

Reaktionsgleichung, in der die reagierenden Ionen angegeben sind. z. B.

für das Lösen eines Salzes bzw.
$NaCl(s) \longrightarrow Na^+(aq) + Cl^-(aq)$

das Eindampfen einer Salzlösung
$Na^+(aq) + Cl^-(aq) \longrightarrow NaCl(s)$

Elektrolyse

Chemische Reaktion, bei der ein Stoff durch den elektrischen Strom zerlegt wird. Kationen nehmen an der Kathode (Minuspol) Elektronen auf. Anionen geben an der Anode (Pluspol) Elektronen ab.

Check up

1 Erläutere den Zusammenhang zwischen dem Atombau und der Stellung von Elementen im Periodensystem am Beispiel der Elemente Aluminium, Phosphor und Neon.

2 Das Periodensystem der Elemente ist ein gutes Hilfsmittel, um Informationen über die kleinsten Teilchen zu erhalten.

a Gib die Namen und chemischen Zeichen für die in der Tabelle angegebenen Teilchen (A, B, C, D) an.

Teilchen	Elektronenanzahl des Teilchens	Protonenanzahl des Teilchens
A	18	18
B	18	20
C	18	17
D	18	19

b Begründe, dass es Teilchen verschiedener chemischer Elemente gibt, die jedoch eine gleichartige Atomhülle aufweisen.

3 Vom Element Kupfer existieren zwei natürlich vorkommende Isotope: $^{63}_{29}Cu$ und $^{65}_{29}Cu$. 69,2 % der Kupferatome haben 34 Neutronen.

a Interpretiere diese Angaben.

b Ermittle die durchschnittliche Atommasse in u für Kupfer aus den beiden Isotopen.

4 Das Periodensystem der Elemente kann zum Ableiten von Angaben über chemische Elemente genutzt werden.

a Leite Angaben über den Bau der Atome des Elements mit der Ordnungszahl 38 ab.

b Erläutere, wie Ionen dieses Elements aus Atomen entstehen können.

c Stelle begründete Vermutungen über Eigenschaften des zugehörigen Stoffes an.

5 Gib die Namen und Formeln der Kationen und Anionen an, aus denen die folgenden Salze aufgebaut sind. Gib die Formeln dieser Salze an: Magnesiumiodid, Aluminiumchlorid, Calciumbromid, Kaliumfluorid.

6 Kalium reagiert mit Chlor in einer stark exothermen Reaktion zu einem Salz.

a Stelle die Reaktionsgleichung auf und benenne das Reaktionsprodukt.

b Stelle die Veränderung der Teilchen in einer Zeichnung modellhaft dar. Verwende das Schalenmodell für die Darstellung der Teilchen.

7 Zink reagiert mit Iod (unter Verwendung von Wasser als Katalysator) in einer exothermen Reaktion zu Zinkiodid. Formuliere die Ionengleichungen für die Elektronenabgabe und -aufnahme und die Reaktionsgleichung für den Elektronenübergang.

8 Begründe, weshalb Kupfer und Zink, aber auch Lösungen von Kupferchlorid und Zinkbromid, elektrischen Strom leiten.

9 Beschreibe die Vorgänge an den Elektroden, die bei der Schmelzflusselektrolyse von Natriumchlorid ablaufen. Formuliere die Ionengleichungen für die Reaktionen an den Elektroden. Stelle die Veränderung der Teilchen in einer Zeichnung modellhaft dar. Verwende das Schalenmodell für die Darstellung der Teilchen.

10 Beschreibe die Vorgänge, die bei der Elektrolyse einer Zinkchloridschmelze ablaufen. Formuliere die Ionengleichungen für die Reaktionen an den Elektroden.

Aufgabe	Hilfe findest du auf Seite ...
1	75, 78
2	75, 93
3	73
4	72, 78, 94, 97
5	94
6	96, 97
7	97
8	100
9	97, 101, 102
10	97, 101, 102

› Die Lösungen findest du im Anhang.

Anhang

Übersicht über die Größenordnung von Gegenständen und Entfernungen, vom Atomkern bis zu Dimensionen im Weltall

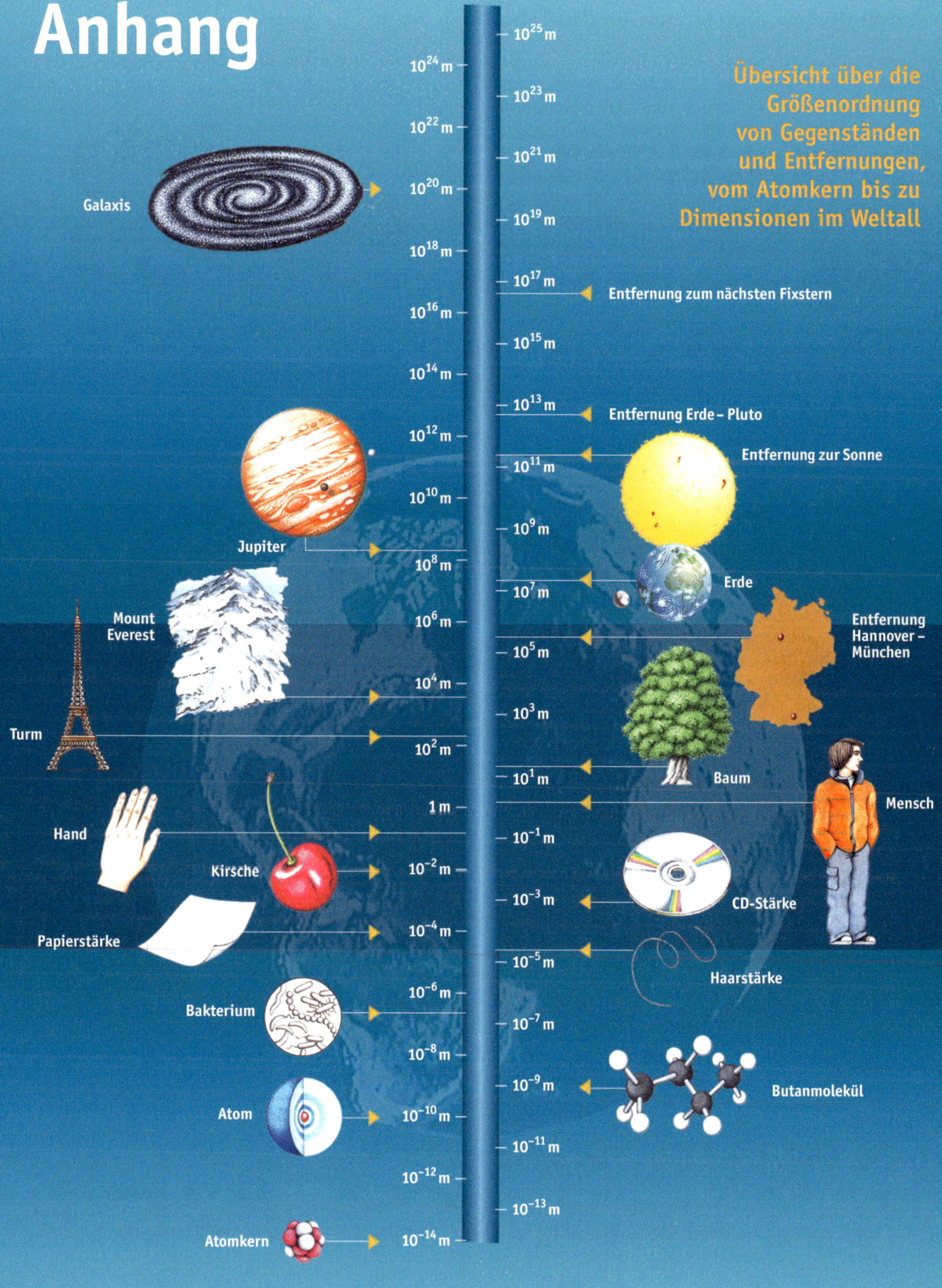

Lösungen zu den Check-up-Aufgaben

Metalle I Zeichensprache und quantitative Betrachtungen (Seite 38)

1 Eisen – Fe, Kupfer – Cu, Magnesium – Mg, Natrium – Na. Eisen – Ordnungszahl 26; Eisenatome haben jeweils 26 Protonen im Atomkern und 26 Elektronen in der Atomhülle. Kupfer – Ordnungszahl 29; Kupferatome haben 29 Protonen im Atomkern und 29 Elektronen in der Atomhülle. Magnesium – Ordnungszahl 12; Magnesiumatome haben 12 Protonen im Atomkern und 12 Elektronen in der Atomhülle. Natrium – Ordnungszahl 11; Natriumatome haben 11 Protonen im Atomkern und 11 Elektronen in der Atomhülle.

2 Einzelne Atome haben nicht die Eigenschaften der Stoffe. Erst in sichtbaren Stoffportionen sind die Eigenschaften wie Farbe, Glanz und Festigkeit zu erkennen.
Die Atome aller Elemente sind nicht gleich, die Atome der Elemente unterscheiden sich in ihrer Masse und Größe. Sie enthalten jeweils eine unterschiedliche Anzahl von Protonen und Elektronen.
Die Atome sehen nicht wie Kugeln aus. Man stellt sich die Atome im Modell jedoch als kleine Kugeln vor. Mit diesem Modell lassen sich z. B. Aggregatzustandsänderungen der Stoffe erklären. Zwischen den Atomen ist leerer Raum. Luft kann sich nicht zwischen den Atomen befinden, da Luft als Gasgemisch ebenfalls aus kleinsten Teilchen aufgebaut ist.

3 a) Ein Sauerstoffmolekül besteht aus zwei fest miteinander verbundenen Sauerstoffatomen, die Formel ist O_2. Ein Stickstoffmolekül besteht aus zwei fest miteinander verbundenen Stickstoffatomen, die Formel ist N_2.

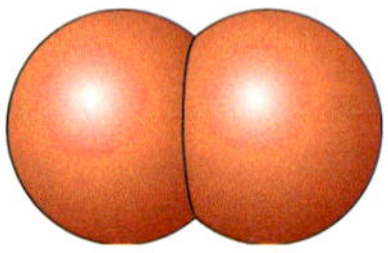
Modell eines Sauerstoffmoleküls

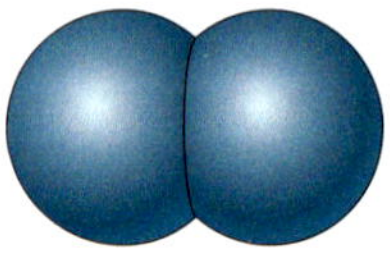
Modell eines Stickstoffmoleküls

b) Moleküle sind Teilchen, die aus zwei oder mehr fest miteinander verbundenen Atomen zusammengesetzt sind.

4 a) Ein Sauerstoffatom ist chemisch nicht mehr teilbar. Es besteht aus einem Atomkern, in dem sich die Protonen befinden, und der Atomhülle, in der sich die Elektronen befinden. Ein Sauerstoffmolekül ist aus zwei fest miteinander verbundenen Sauerstoffatomen zusammengesetzt. Ein Ozonmolekül ist aus drei fest miteinander verbundenen Sauerstoffatomen zusammengesetzt.
b) Die Formel O_2 kennzeichnet den Stoff Sauerstoff, sie kennzeichnet außerdem ein Molekül Sauerstoff und sie sagt aus, dass ein Molekül Sauerstoff aus zwei Sauerstoffatomen zusammengesetzt ist.
Die Formel O_3 kennzeichnet den Stoff Ozon, sie kennzeichnet außerdem ein Molekül Ozon und sie sagt aus, dass ein Molekül Ozon aus drei Sauerstoffatomen zusammengesetzt ist.

5 a)

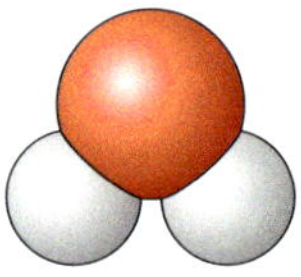
Modell von Wasser

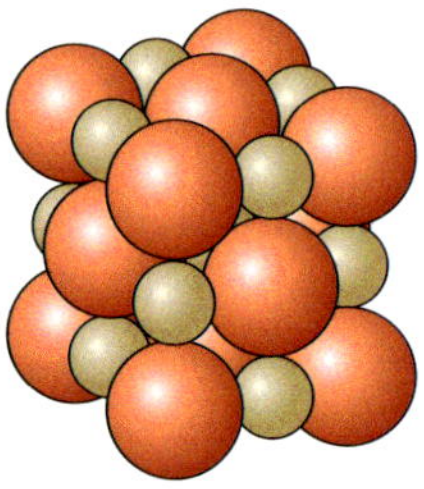
Modell von Magnesiumoxid

Wasser ist eine Molekülverbindung und besteht aus vielen Wassermolekülen. Ein Molekül Wasser besteht aus einem Sauerstoffatom, das mit zwei Wasserstoffatomen verbunden ist.
Magnesiumoxid ist keine Molekülverbindung. Es besteht aus vielen Magnesium- und Sauerstoffteilchen, die fest miteinander verbunden sind. Im Magnesiumoxid liegen Magnesiumteilchen und Sauerstoffteilchen im Verhältnis 1 : 1 vor.
b) Formel für Wasser: H_2O; Aussagen aus der Formel: Die Formel kennzeichnet die Molekülverbindung Wasser, sie kennzeichnet außerdem ein Molekül Wasser sowie den Bau des Moleküls, das aus einem Sauerstoffatom und zwei Wasserstoffatomen aufgebaut ist.
Formel für Magnesiumoxid: MgO; Aussagen aus der Formel: Die Formel kennzeichnet den Stoff Magnesiumoxid, sie kennzeichnet außerdem eine Baueinheit des Stoffes und sie gibt an, dass eine Baueinheit aus Magnesiumteilchen und Sauerstoffteilchen im Verhältnis 1 : 1 besteht.

6 Synthese von Wasser:

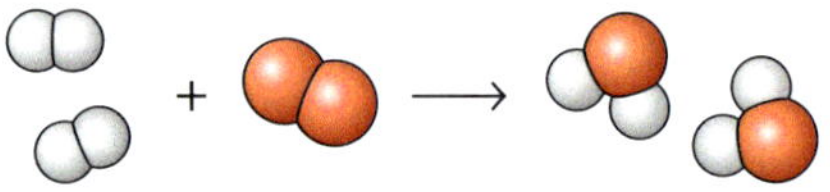

$2\ H_2\ (g)\ +\ O_2\ (g) \longrightarrow 2\ H_2O\ (l)$ | exotherm

Analyse von Wasser:

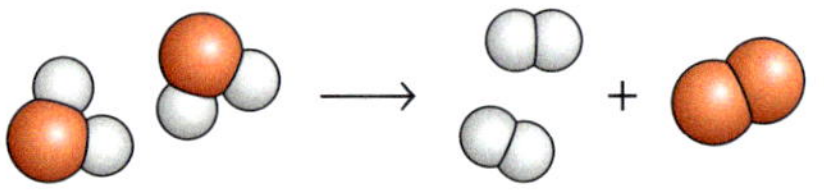

$2\ H_2O\ (l) \longrightarrow 2\ H_2\ (g) +\ O_2\ (g)$ | endotherm

7 – 1 Atom Schwefel reagiert mit 1 Molekül Sauerstoff zu 1 Molekül Schwefeldioxid.
– 1 mol Schwefel reagiert mit 1 mol Sauerstoff zu 1 mol Schwefeldioxid.
– $6 \cdot 10^{23}$ Atome Schwefel reagieren mit $6 \cdot 10^{23}$ Molekülen Sauerstoff zu $6 \cdot 10^{23}$ Molekülen Schwefeldioxid.

8 Die Stoffmenge ist ein Maß für die Anzahl der Teilchen in einer Stoffportion. Sie wird in der Einheit mol angegeben.

In 1 mol eines Stoffes sind etwa $6 \cdot 10^{23}$ Teilchen enthalten.
Die molare Masse eines Stoffes ist der Quotient aus Masse und Stoffmenge einer Stoffportion. Ihre Einheit ist g/mol. Sie ist für den jeweiligen Stoff charakteristisch.

9 a) Die Berechnung der Masse Sauerstoff erfolgt auf der Grundlage des Gesetzes von der Erhaltung der Masse. Die Masse der Ausgangsstoffe ist gleich der Masse der Reaktionsprodukte.
Aus der Wortgleichung für die Reaktion werden Ausgangsstoffe und Reaktionsprodukte ermittelt:
Kupfer (s) + Sauerstoff (g) $\longrightarrow$ Kupferoxid (s)
Es gilt: $m(\text{Kupfer}) + m(\text{Sauerstoff}) = m(\text{Kupferoxid})$
Daraus folgt: $m(\text{Sauerstoff}) = m(\text{Kupferoxid}) - m(\text{Kupfer})$
$m(\text{Sauerstoff}) = 2{,}5\,\text{g} - 2\,\text{g} = 0{,}5\,\text{g}$
Für das Massenverhältnis, in dem Kupfer und Sauerstoff miteinander reagieren, gilt:
$m(\text{Kupfer}) : m(\text{Sauerstoff}) = 2\,\text{g} : 0{,}5\,\text{g}$
$= 4\,\text{g} : 1\,\text{g}$
Ergebnis: In dem Experiment wurden bei der Oxidation von 2 g Kupfer 0,5 g Sauerstoff verbraucht. Kupfer und Sauerstoff reagierten im Massenverhältnis 4 g : 1 g miteinander.

b) Gesucht: $m(\text{Kupfer}) : m(\text{Sauerstoff})$
Gegeben: $M(\text{Kupfer}) = 63{,}5\,\text{g/mol}$;
$M(\text{Sauerstoff}) = 32\,\text{g/mol}$ (↑ Tabellenwerk)
Reaktionsgleichung: $2\,Cu\,(s) + O_2\,(g) \longrightarrow 2\,CuO\,(s)$
Daraus folgt: $n(Cu) = 2\,\text{mol}$; $n(O_2) = 1\,\text{mol}$
Es gilt: $m = M \cdot n$
Für das Massenverhältnis, in dem Kupfer und Sauerstoff miteinander reagieren gilt:
$m(Cu) : m(O_2)$
$= [M(Cu) \cdot n(Cu)] : [M(O_2) \cdot n(O_2)]$
$= [63{,}5\,\text{g/mol} \cdot 2\,\text{mol}] : [32\,\text{g/mol} \cdot 1\,\text{mol}]$
$= 3{,}97\,\text{g} : 1\,\text{g}$
Ergebnis: Theoretisch müssten Kupfer und Sauerstoff im Massenverhältnis von 3,97 g : 1 g miteinander reagieren.

c) Das experimentell ermittelte Massenverhältnis und das theoretisch zu erwartende Massenverhältnis stimmen in etwa überein. Das Ermitteln von Massen im Experiment ist oft mit Messungenauigkeiten behaftet. Um experimentell einen Wert zu erhalten, der exakt dem theoretisch zu erwartenden entspricht, wäre es notwendig, das Experiment viele Male unter den gleichen Bedingungen durchzuführen und aus den Messdaten einen Mittelwert zu bilden.

10 Gesucht: $n(Au)$; $N(Au)$
Gegeben: $M(Au) = 197\,\text{g/mol}$ (↑ Tabellenwerk);
$m(Au) = 1/10\,\text{Unze} = 3{,}11\,\text{g}$
Lösung: $n = \frac{m}{M}$
$$n(Au) = \frac{m(Au)}{M(Au)} = \frac{3{,}11\,\text{g}}{197\,\text{g/mol}} = 0{,}0158\,\text{mol}$$
$N = n \cdot N_A$
$N(Au) = 0{,}0158\,\text{mol} \cdot 6 \cdot 10^{23}\,\text{mol}^{-1}$
$N(Au) = 9{,}5 \cdot 10^{21}$
Ergebnis: In einer Goldmünze mit einer Masse von einer zehntel Unze sind 0,0158 mol Gold enthalten, das sind $9{,}5 \cdot 10^{21}$ Goldatome.

11 Gesucht: $m(Ti)$
Gegeben: $m(TiO_2) = 2000\,\text{kg}$; $M(TiO_2) = 79{,}9\,\text{g/mol}$;
$M(Ti) = 47{,}9\,\text{g/mol}$ (↑ Tabellenwerk)
Reaktionsgleichung: $Ti\,(s) + O_2\,(g) \longrightarrow TiO_2\,(s)$
Daraus folgt: $n(Ti) = 1\,\text{mol}$; $n(TiO_2) = 1\,\text{mol}$
Lösung:
$$\frac{m(Ti)}{m(TiO_2)} = \frac{n(Ti) \cdot M(Ti)}{n(TiO_2) \cdot M(TiO_2)}$$
$$m(Ti) = \frac{n(Ti) \cdot M(Ti) \cdot m(TiO_2)}{n(TiO_2) \cdot M(TiO_2)}$$
$$m(Ti) = \frac{1\,\text{mol} \cdot 47{,}9\,\text{g/mol} \cdot 2000\,\text{kg}}{1\,\text{mol} \cdot 79{,}9\,\text{g/mol}}$$
$m(Ti) = 1200\,\text{kg}$
Ergebnis: Um 2000 kg Titan(IV)-oxid zu erhalten, müssen 1200 kg Titan oxidiert werden.

Alkali- und Erdalkalimetalle I Halogene und Edelgase (Seite 70)

1 a) Alkalimetalle, Erdalkalimetalle, Halogene, Edelgase
b) Alkalimetalle: Lithium, Natrium, Kalium, Rubidium, Caesium
Erdalkalimetalle: Beryllium, Magnesium, Calcium, Strontium, Barium
Halogene: Fluor, Chlor, Brom, Iod
Edelgase: Helium, Neon, Argon, Krypton, Xenon

2 Alkalimetalle sind sehr weich, leiten den elektrischen Strom und Wärme gut. Sie sind sehr reaktionsfreudig und überziehen sich an der Luft mit einer Oxidschicht.

3 a) Ein Magnesiastäbchen wird in 35%ige Salzsäure getaucht und in der nicht leuchtenden Brennerflamme bis zum Glühen erhitzt. Das Stäbchen ist dann in die Probe und anschließend erneut in die nicht leuchtende Brennerflamme zu halten.
b) Natriumverbindungen: gelb; Lithiumverbindungen: rot; Strontiumverbindungen: rot; Bariumverbindungen: grün

4 An feuchter Luft reagieren die Alkalimetalle mit dem in der Luft enthaltenen Wasser(dampf). In trockener Luft befindet sich kein Wasser(dampf), sodass nur die langsamere Reaktion mit dem Sauerstoff der Luft stattfinden kann.

5 Erdalkalimetalle sind unedle Metalle von silberweißer Farbe mit einer geringen Dichte. An Luft überziehen sie sich mit einer Oxidschicht. Alle Erdalkalimetalle (außer Beryllium) reagieren mit Wasser.

6 Die Halogene sind Nichtmetalle. Im gasförmigen Zustand haben sie einen stechenden Geruch und sind Atemgifte. Die Halogene sind sehr reaktionsfähige Elemente.

7 Halogene sind Atemgifte und wirken reizend bzw. ätzend.

8 Alle Halogene bestehen aus zweiatomigen Molekülen.

9 Alkalimetallhalogenide: Lithiumchlorid $LiCl$, Natriumiodid NaI, Kaliumfluorid KF
Erdalkalimetallhalogenide: Magnesiumbromid $MgBr_2$, Calciumchlorid $CaCl_2$, Bariumiodid BaI_2

10 Der menschliche Körper benötigt Magnesium-, Calcium- und Chlorverbindungen beispielsweise für die Muskel-

tätigkeit. Bei starker körperlicher Aktivität werden mit dem Schweiß auch Mineralien abgegeben, sodass es zu Mineralstoffmangel kommen kann. Dies wird durch Mineralienzufuhr mit der Nahrung verhindert.

11 Edelgase sind sehr reaktionsträge und gehen in der Umwelt keine Verbindungen ein. Demgegenüber sind Alkalimetalle, Erdalkalimetalle und Halogene sehr reaktiv und kommen in der Natur nur chemisch gebunden in Verbindungen vor.

12 Helium hat eine geringere Dichte als Luft und ist sehr reaktionsträge.

Atombau und Periodensystem der Elemente I Salze (Seite 106)

1 Aluminiumatome haben 13 Protonen und 13 Elektronen entsprechend seiner Ordnungszahl 13. Die Anzahl der drei Elektronenschalen entspricht der Stellung des Elements in der 3. Periode. Die Anzahl von drei Außenelektronen lässt sich aus seiner Stellung in der III. Hauptgruppe ableiten.
Phosphoratome haben 15 Protonen und 15 Elektronen entsprechend der Ordnungszahl 15. Die Anzahl der Elektronenschalen beträgt 3 entsprechend der Stellung des Elements in der 3. Periode. Die Anzahl von 5 Außenelektronen entspricht der Stellung des Elements in der V. Hauptgruppe.
Neonatome haben 10 Protonen und 10 Elektronen entsprechend der Ordnungszahl 10. Die 10 Elektronen verteilen sich auf zwei Elektronenschalen entsprechend der Stellung des Elements in der 2. Periode. Die 2. Elektronenschale ist mit 8 Elektronen voll besetzt; 8 Außenelektronen entsprechend der Stellung in der VIII. Hauptgruppe. Neon gehört zu den Edelgasen, daher weisen Neonatome diese stabile Elektronenanordnung, die Edelgaskonfiguration, auf.

2 a) A: Argonatom Ar; B: Calcium-Ion Ca^{2+}; C: Chlorid-Ion Cl^-; D: Kalium-Ion K^+
b) Die angegebenen Teilchen haben unterschiedliche Protonenanzahlen im Atomkern, d. h., es sind Teilchen verschiedener Elemente. Die Atome können durch Abgabe oder Aufnahme von Elektronen zu positiv oder negativ geladenen Ionen werden und damit eine stabile Elektronenanordnung in der Außenschale erreichen. Deshalb gibt es Atome und Ionen verschiedener chemischer Elemente mit einer gleichartigen Atomhülle.

3 a) Die Atome des Elements Kupfer unterscheiden sich in der Anzahl der Neutronen im Atomkern. 69,2 % der Kupferatome haben 34 Neutronen, sie sind die $^{63}_{29}$Cu-Isotope. 30,8 % der Kupferatome haben hingegen 36 Neutronen. Die beiden Isotope des Kupfers haben unterschiedliche Massen.
b) $m = 63\ u \cdot 0{,}692 + 65\ u \cdot 0{,}308 = 63{,}62\ u$
Die durchschnittliche Atommasse für Kupfer aus den beiden Isotopen beträgt 63,62 u.

4 a) Das Element mit der Ordnungszahl 38 ist das Element Strontium. Strontiumatome haben 38 Protonen im Atomkern und 38 Elektronen in der Atomhülle. Die Elektronen verteilen sich auf 5 Elektronenschalen (entsprechend der 5. Periode des PSE). Zwei der Elektronen sind Außenelektronen (entsprechend der II. Hauptgruppe).
b) Durch Abgabe der zwei Außenelektronen können aus Strontiumatomen zweifach positiv geladene Strontium-Ionen entstehen.
$Sr \longrightarrow Sr^{2+} + 2\ e^-$
c) Strontium ist ein Metall, als Element der II. Hauptgruppe ein Erdalkalimetall mit charakteristischen Metalleigenschaften, wie elektrischer Leitfähigkeit, Wärmeleitfähigkeit und Glanz.

5

Salz	Kation	Anion	Formel
Magnesiumiodid	Magnesium-Ion Mg^{2+}	Iodid-Ion I^-	MgI_2
Aluminium-chlorid	Aluminium-Ion Al^{3+}	Chlorid-Ion Cl^-	$AlCl_3$
Calciumbromid	Calcium-Ion Ca^{2+}	Bromid-Ion Br^-	$CaBr_2$
Kaliumfluorid	Kalium-Ion K^+	Fluorid-Ion F^-	KF

6 a) $2\ K(s) + Cl_2(g) \longrightarrow 2\ KCl(s)$; Kaliumchlorid
b)

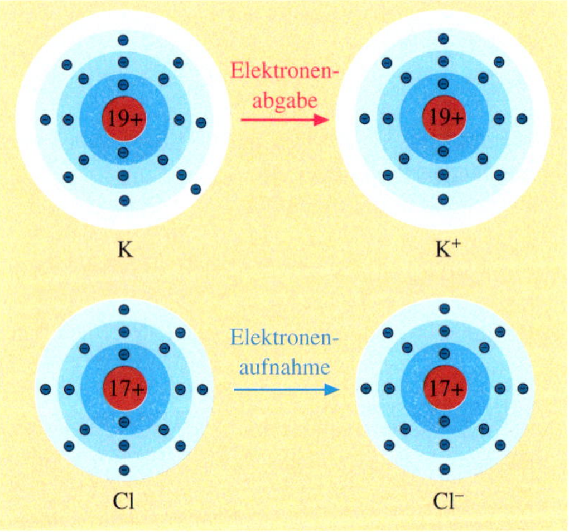

7 Elektronenabgabe: $Zn \longrightarrow Zn^{2+} + 2\ e^-$
Elektronenaufnahme: $2\ I + 2\ e^- \longrightarrow 2\ I^-$
Elektronenübergang: $Zn + I_2 \longrightarrow ZnI_2$

8 Kupfer und Zink leiten den elektrischen Strom aufgrund frei beweglicher Elektronen im Metall, die sich im elektrischen Feld gerichtet bewegen. Die Elektronen sind deshalb frei beweglich, da sich die relativ kleine Anzahl von Außenelektronen zwischen den elektrisch positiv geladenen Metall-Ionen bewegen und die Außenelektronen nicht zu bestimmten Metallatomen gehören.
In den Lösungen von Kupferchlorid und Zinkbromid ist die elektrische Leitfähigkeit auf das Vorhandensein von frei beweglichen Ionen zurückzuführen. Die ungleich-

namig geladenen Ionen können nur in Lösungen oder Schmelzen als Ladungsträger wirken, da sie nur dort frei beweglich sind.

9 Die elektrisch positiv geladenen Natrium-Ionen werden von der Eisenkathode (Minuspol) angezogen, während die elektrisch negativ geladenen Chlorid-Ionen zur Graphitanode (Pluspol) wandern. An der Kathode nehmen die Natrium-Ionen jeweils ein Elektron auf und Natriumatome entstehen. Das flüssige elementare Natrium sammelt sich in der Abdeckung über der Kathode. An der Anode geben die Chlorid-Ionen jeweils ein Elektron ab. Es entstehen Chloratome, die sich zu Chlormolekülen verbinden. Das Chlor entweicht über die Glocke über der Anode.
Elektronenaufnahme an der Kathode:
$Na^+ + e^- \longrightarrow Na$
Elektronenabgabe an der Anode:
$Cl^- \longrightarrow Cl + e^-$
$2\,Cl \longrightarrow Cl_2$

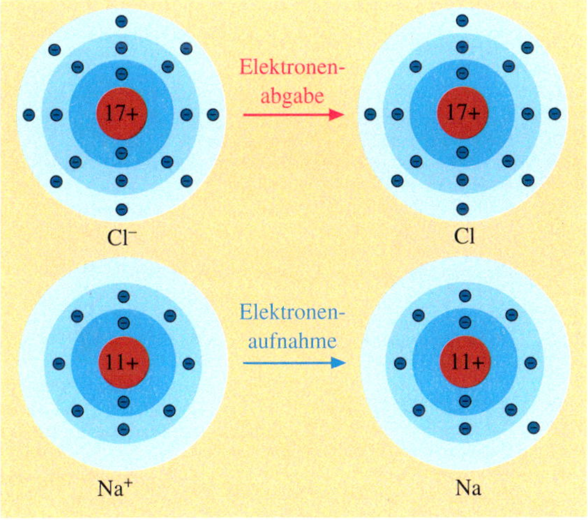

10 Die zweifach positiv geladenen Zink-Ionen werden von der Kathode (Minuspol) angezogen, während die einfach negativ geladenen Chlorid-Ionen zur Anode (Pluspol) wandern. An der Kathode nehmen die Zink-Ionen jeweils zwei Elektronen auf und Zinkatome entstehen. Elementares Zink scheidet sich in Form eines verzweigten grauen Belags ab. An der Anode geben die Chlorid-Ionen jeweils ein Elektron ab. Es entstehen Chloratome, die sich zu Chlormolekülen verbinden. Es bildet sich Chlor, das in Form von Gasbläschen aufsteigt.
Elektronenaufnahme an der Kathode:
$Zn^{2+}(aq) + 2\,e^- \longrightarrow Zn(s)$
Elektronenabgabe an der Anode:
$2\,Cl^-(aq) \longrightarrow Cl_2(g) + 2\,e^-$

Gefahrensymbole, Kennbuchstaben und Gefahrenbezeichnungen (Auswahl)

Die Gefahrenbezeichnungen werden durch die R-Sätze für die einzelnen Stoffe präzisiert (→ unten).

T

Giftige Stoffe (sehr giftige Stoffe T+) verursachen durch Einatmen, Verschlucken oder Aufnahme durch die Haut meist erhebliche Gesundheitsschäden oder gar den Tod.
Was tun? Nicht direkt berühren! Unwohlsein sofort dem Lehrer melden!

Xn

Gesundheitsschädliche Stoffe können durch Einatmen, Verschlucken oder Aufnahme durch die Haut gesundheitsschädigend wirken.
Was tun? Nicht direkt berühren! Unwohlsein sofort dem Lehrer melden!

C

Ätzende Stoffe zerstören das Hautgewebe oder die Oberfläche von Gegenständen.
Was tun? Berührung mit der Haut, Augen und Kleidung vermeiden! Dämpfe nicht einatmen!

Xi

Reizende Stoffe haben Reizwirkung auf Haut, Augen und Atmungsorgane.
Was tun? Berührung mit Haut, Augen und Atmungsorganen vermeiden! Nicht einatmen!

F

Leichtentzündliche Stoffe (hochentzündliche Stoffe F+) entzünden sich von selbst an heißen Gegenständen.
Zu ihnen gehören selbstentzündliche Stoffe, leichtentzündliche gasförmige Stoffe, brennbare Flüssigkeiten und Stoffe, die mit Feuchtigkeit brennbare Gase bilden.
Was tun? Vorsicht beim Umgang mit offenen Flammen und Wärmequellen! Keine Berührung mit brandfördernden Stoffen!

O

Brandfördernde Stoffe können brennbare Stoffe entzünden oder ausgebrochene Brände fördern.
Was tun? Kontakt mit brennbaren Stoffen vermeiden!

E

Explosionsgefährliche Stoffe können unter bestimmten Bedingungen explodieren.
Was tun? Schlag, Stoß, Reibung, Funkenbildung und Hitzeeinwirkung vermeiden!

N

Umweltgefährliche Stoffe sind sehr giftig, giftig oder schädlich für Wasserorganismen und können in Gewässern längerfristig schädliche Wirkungen haben. In der nichtaquatischen Umwelt sind sie giftig für Pflanzen, Tiere, Bodenorganismen und Bienen, können auf die Umwelt längerfristig schädliche Wirkungen haben und für die Ozonschicht gefährlich sein.
Was tun? Freisetzung der Stoffe in die Umwelt vermeiden, Stoffe der Problemabfallentsorgung zuführen!

Gefahrenhinweise (R-Sätze)

R 1 In trockenem Zustand explosionsgefährlich
R 2 Durch Schlag, Reibung, Feuer oder andere Zündquellen explosionsgefährlich
R 3 Durch Schlag, Reibung, Feuer oder andere Zündquellen besonders explosionsgefährlich
R 4 Bildet hochempfindliche explosionsgefährliche Metallverbindungen
R 5 Beim Erwärmen explosionsfähig
R 6 Mit und ohne Luft explosionsfähig
R 7 Kann Brand verursachen
R 8 Feuergefahr bei Berührung mit brennbaren Stoffen
R 9 Explosionsgefahr bei Mischung mit brennbaren Stoffen
R 10 Entzündlich
R 11 Leicht entzündlich
R 12 Hochentzündlich
R 14 Reagiert heftig mit Wasser
R 15 Reagiert mit Wasser unter Bildung hochentzündlicher Gase
R 16 Explosionsgefährlich in Mischung mit brandfördernden Stoffen
R 17 Selbstentzündlich an der Luft
R 18 Bei Gebrauch Bildung explosionsfähiger / leicht entzündlicher Dampf-Luft-Gemische möglich
R 19 Kann explosionsfähige Peroxide bilden
R 20 Gesundheitsschädlich beim Einatmen
R 21 Gesundheitsschädlich bei Berührung mit der Haut
R 22 Gesundheitsschädlich beim Verschlucken
R 23 Giftig beim Einatmen
R 24 Giftig bei Berührung mit der Haut
R 25 Giftig beim Verschlucken
R 26 Sehr giftig beim Einatmen
R 27 Sehr giftig bei Berührung mit der Haut
R 28 Sehr giftig beim Verschlucken
R 29 Entwickelt bei Berührung mit Wasser giftige Gase
R 30 Kann bei Gebrauch leicht entzündlich werden
R 31 Entwickelt bei Berührung mit Säure giftige Gase
R 32 Entwickelt bei Berührung mit Säure sehr giftige Gase
R 33 Gefahr kumulativer Wirkungen
R 34 Verursacht Verätzungen
R 35 Verursacht schwere Verätzungen
R 36 Reizt die Augen
R 37 Reizt die Atmungsorgane
R 38 Reizt die Haut
R 39 Ernste Gefahr irreversiblen Schadens
R 40 Verdacht auf krebserzeugende Wirkung
R 41 Gefahr ernster Augenschäden
R 42 Sensibilisierung durch Einatmen möglich
R 43 Sensibilisierung durch Hautkontakt möglich
R 44 Explosionsgefahr bei Erhitzen unter Einschluss
R 45 Kann Krebs erzeugen
R 46 Kann vererbbare Schäden verursachen
R 48 Gefahr ernster Gesundheitsschäden bei längerer Exposition
R 49 Kann Krebs erzeugen beim Einatmen
R 50 Sehr giftig für Wasserorganismen
R 51 Giftig für Wasserorganismen
R 52 Schädlich für Wasserorganismen
R 53 Kann in Gewässern längerfristig schädliche Wirkungen haben
R 54 Giftig für Pflanzen
R 55 Giftig für Tiere
R 56 Giftig für Bodenorganismen
R 57 Giftig für Bienen
R 58 Kann längerfristig schädliche Wirkungen auf die Umwelt haben
R 59 Gefährlich für die Ozonschicht
R 60 Kann die Fortpflanzungsfähigkeit beeinträchtigen
R 61 Kann das Kind im Mutterleib schädigen
R 62 Kann möglicherweise die Fortpflanzungsfähigkeit beeinträchtigen
R 63 Kann das Kind im Mutterleib möglicherweise schädigen
R 64 Kann Säuglinge über die Muttermilch schädigen
R 65 Gesundheitsschädlich: kann beim Verschlucken Lungenschäden verursachen
R 66 Wiederholter Kontakt kann zu spröder und rissiger Haut führen
R 67 Dämpfe können Schläfrigkeit und Benommenheit verursachen
R 68 Irreversibler Schaden möglich

Kombination der R-Sätze (Auswahl)

R 14/15 Reagiert heftig mit Wasser unter Bildung hochentzündlicher Gase
R 20/22 Gesundheitsschädlich beim Einatmen und Verschlucken
R 20/21/22 Gesundheitsschädlich beim Einatmen, Verschlucken und bei Berührung mit der Haut
R 21/22 Gesundheitsschädlich bei Berührung mit der Haut und beim Verschlucken
R 23/25 Giftig beim Einatmen und beim Verschlucken
R 23/24/25 Giftig beim Einatmen, Verschlucken und bei Berührung mit der Haut
R 24/25 Giftig bei Berührung mit der Haut und beim Verschlucken
R 36/37 Reizt die Augen und die Atmungsorgane
R 36/38 Reizt die Augen und die Haut
R 36/37/38 Reizt die Augen, Atmungsorgane und die Haut
R 50/53 Sehr giftig für Wasserorganismen, kann in Gewässern längerfristig schädliche Wirkungen haben
R 51/53 Giftig für Wasserorganismen, kann in Gewässern längerfristig schädliche Wirkungen haben
R 52/53 Schädlich für Wasserorganismen, kann in Gewässern längerfristig schädliche Wirkungen haben

Sicherheitsratschläge (S-Sätze)

S 1 Unter Verschluss aufbewahren
S 2 Darf nicht in die Hände von Kindern gelangen
S 3 Kühl aufbewahren
S 4 Von Wohnplätzen fern halten
S 5 Unter … aufbewahren (geeignete Flüssigkeit vom Hersteller anzugeben)
S 6 Unter … aufbewahren (inertes Gas vom Hersteller anzugeben)
S 7 Behälter dicht geschlossen halten
S 8 Behälter trocken halten
S 9 Behälter an einem gut gelüfteten Ort aufbewahren
S 12 Behälter nicht gasdicht verschließen
S 13 Von Nahrungsmitteln, Getränken und Futtermitteln fern halten
S 14 Von … fern halten (inkompatible Substanzen sind vom Hersteller anzugeben)
S 15 Vor Hitze schützen
S 16 Von Zündquellen fern halten – Nicht rauchen
S 17 Von brennbaren Stoffen fern halten
S 18 Behälter mit Vorsicht öffnen und handhaben
S 20 Bei der Arbeit nicht essen und trinken
S 21 Bei der Arbeit nicht rauchen
S 22 Staub nicht einatmen
S 23 Gas/Rauch/Dampf/Aerosol nicht einatmen (geeignete Bezeichnung[en] vom Hersteller anzugeben)
S 24 Berührung mit der Haut vermeiden
S 25 Berührung mit den Augen vermeiden
S 26 Bei Berührung mit den Augen sofort gründlich mit Wasser abspülen und Arzt konsultieren
S 27 Beschmutzte, getränkte Kleidung sofort ausziehen
S 28 Bei Berührung mit der Haut sofort abwaschen mit viel … (vom Hersteller anzugeben)
S 29 Nicht in die Kanalisation gelangen lassen
S 30 Niemals Wasser hinzugießen
S 33 Maßnahmen gegen elektrostatische Aufladungen treffen
S 35 Abfälle und Behälter müssen in gesicherter Weise beseitigt werden
S 36 Bei der Arbeit geeignete Schutzkleidung tragen
S 37 Geeignete Schutzhandschuhe tragen
S 38 Bei unzureichender Belüftung Atemschutzgerät anlegen
S 39 Schutzbrille/Gesichtsschutz tragen
S 40 Fußboden und verunreinigte Gegenstände mit … reinigen (Material vom Hersteller anzugeben)
S 41 Explosions- und Brandgase nicht einatmen
S 42 Bei Räuchern/Versprühen geeignetes Atemschutzgerät anlegen (geeignete Bezeichnung[en] vom Hersteller anzugeben)
S 43 Zum Löschen … (vom Hersteller anzugeben) verwenden (wenn Wasser die Gefahr erhöht, anfügen: „Kein Wasser verwenden“)
S 45 Bei Unfall oder Unwohlsein sofort Arzt hinzuziehen (wenn möglich, dieses Etikett vorzeigen)
S 46 Bei Verschlucken sofort ärztlichen Rat einholen und Verpackung oder Etikett vorzeigen
S 47 Nicht bei Temperaturen über … °C aufbewahren (vom Hersteller anzugeben)
S 48 Feucht halten mit … (geeignetes Mittel vom Hersteller anzugeben)
S 49 Nur im Originalbehälter aufbewahren
S 50 Nicht mischen mit … (vom Hersteller anzugeben)
S 51 Nur in gut gelüfteten Bereichen verwenden
S 52 Nicht großflächig für Wohn- und Aufenthaltsräume verwenden
S 53 Exposition vermeiden – vor Gebrauch besondere Anweisungen einholen
S 56 Dieses Produkt und seinen Behälter der Problemabfallentsorgung zuführen
S 57 Zur Vermeidung einer Kontamination der Umwelt geeigneten Behälter verwenden
S 59 Information zur Wiederverwendung/Wiederverwertung beim Hersteller/Lieferanten erfragen
S 60 Dieses Produkt und sein Behälter sind als gefährlicher Abfall zu entsorgen
S 61 Freisetzung in die Umwelt vermeiden. Besondere Anweisungen einholen/Sicherheitsdatenblatt zurate ziehen
S 62 Bei Verschlucken kein Erbrechen herbeiführen. Sofort ärztlichen Rat einholen und Verpackung oder dieses Etikett vorzeigen
S 63 Bei Unfall durch Einatmen: Verunfallten an die frische Luft bringen und ruhig stellen
S 64 Bei Verschlucken Mund mit Wasser ausspülen (nur wenn Verunfallter bei Bewusstsein ist)

Kombination der S-Sätze (Auswahl)

S 1/2 Unter Verschluss und für Kinder unzugänglich aufbewahren
S 3/7 Behälter dicht geschlossen halten und an einem kühlen Ort aufbewahren
S 3/9 Behälter an einem kühlen, gut gelüfteten Ort aufbewahren
S 3/9/14 An einem kühlen, gut gelüfteten Ort, entfernt von … aufbewahren (die Stoffe, mit denen Kontakt vermieden werden muss, sind vom Hersteller anzugeben)
S 3/9/14/49 Nur im Originalbehälter an einem kühlen, gut gelüfteten Ort, entfernt von … aufbewahren (die Stoffe, mit denen Kontakt vermieden werden muss, sind vom Hersteller anzugeben)
S 3/9/49 Nur im Originalbehälter an einem kühlen, gut gelüfteten Ort aufbewahren
S 3/14 An einem kühlen, von … entfernten Ort aufbewahren (die Stoffe, mit denen Kontakt vermieden werden muss, sind vom Hersteller anzugeben)
S 7/8 Behälter trocken und dicht geschlossen halten
S 7/9 Behälter dicht geschlossen an einem gut gelüfteten Ort aufbewahren
S 7/47 Behälter dicht geschlossen und nicht bei Temperatur über … °C aufbewahren (vom Hersteller anzugeben)
S 20/21 Bei der Arbeit nicht essen, trinken oder rauchen
S 24/25 Berührung mit den Augen und der Haut vermeiden
S 29/56 Nicht in die Kanalisation gelangen lassen; dieses Produkt und seinen Behälter der Problemabfallentsorgung zuführen
S 36/37 Bei der Arbeit geeignete Schutzhandschuhe und Schutzkleidung tragen
S 36/37/39 Bei der Arbeit geeignete Schutzhandschuhe, Schutzkleidung und Schutzbrille/Gesichtsschutz tragen
S 36/39 Bei der Arbeit geeignete Schutzkleidung und Schutzbrille/Gesichtsschutz tragen
S 37/39 Bei der Arbeit geeignete Schutzhandschuhe und Schutzbrille/Gesichtsschutz tragen

Hinweise zur Arbeit mit Gefahrstoffen

Beim Arbeiten mit Chemikalien sind die geltenden Rechtsvorschriften (Chemikaliengesetz, Gefahrstoffverordnung, Technische Regeln für den Umgang mit Gefahrstoffen, Arbeits- und Unfallschutzvorschriften) einzuhalten. Dies gilt in gleichem Maße für die Entsorgung der beim Arbeiten anfallenden Gefahrstoffabfälle; das grundlegende Gesetz hierfür ist das Kreislaufwirtschafts- und Abfallgesetz.
Alle in diesem Buch bei Experimenten angeführten Gefahrstoffe werden in einer Liste, Seite 115 ff., mit den jeweils zutreffenden R-, S- und E-Sätzen aufgeführt. Die Übersicht zur Entsorgung von Gefahrstoffabfällen, Seite 114, stellt den prinzipiellen Ablauf der Behandlung und des Sammelns bis zur Entsorgung sowie der Übergabe der Gefahrstoffabfälle zur Sondermüllentsorgung dar. Die Behandlung und das Sammeln der Abfälle setzt solide Kenntnisse der Lehrerinnen und Lehrer voraus. Daher kann die Übersicht nur eine Orientierungshilfe sein.

Stoffe mit E 1
Natriumchlorid, Natriumcarbonat, Wasserstoffperoxidlösung
Verdünnen ▼
Abwasser

Stoffe mit E 2
Mineralsäuren, Essigsäure, Laugen
Neutralisieren ▼
Abwasser

Stoffe mit E 3
Eisen (Späne), Calciumcarbonat, Mangan(IV)-oxid, Aktivkohle ▼
Hausmüll

Stoffe mit E 4
Bleisalze
Als Sulfid fällen, Niederschlag absetzen lassen.
Niederschlag ▼
Sammelbehälter
„Anorganische Chemikalienreste" (T, C)
pH > 10 beachten! ▼
Sondermüllentsorgung (evtl. Recycling)

Stoffe mit E 5
Fluoride, Oxalate
Mit Calciumchloridlösung fällen und Niederschlag abtrennen.
Flüssigkeit ▼ Feststoff
Abwasser **Hausmüll**

Stoffe mit E 7
Stickstoffdioxid, Chlorwasserstoff, Ammoniak
Abzug!
Wenn möglich, Stoffe absorbieren oder verbrennen. ▼
Abluft

Stoffe mit E 9
roter Phosphor, Kohlenstoffdisulfid, Diethylether
In kleinsten Portionen *vorsichtig (!)* verbrennen; kleinste Kohlenstoffdisulfidmengen im Freien verdunsten lassen. ▼
Abluft

Stoffe mit E 10

halogenfrei	halogenhaltig
Lösemittelreste, z. B. Petroleumbenzin, Methanol, Toluol ▼	Lösemittelreste, z. B. Brommethan, Trichlormethan ▼
Sammelbehälter „Organische Reste halogenfrei" (F, T bzw. F, Xn) ▼	**Sammelbehälter** „Organische Reste halogenhaltig" (F, T bzw. F, Xn) ▼
Sondermüllentsorgung	

Stoffe mit E 11
Nickelsalze, Cobaltsalze, Kupfersalze
Als Hydroxid fällen (pH = 8), Niederschlag absetzen lassen.

Flüssigkeit ▼	Schlamm ▼
Abwasser	**Sammelbehälter** „Anorganische Chemikalienreste" (T, C) pH > 10 beachten! ▼
	Sondermüllentsorgung (evtl. Recycling)

Stoffe mit E 13
Silbersalze, Kupfersalze
Mit unedlem Metall (z. B. Eisen) behandeln, eine Nacht stehen lassen.

Flüssigkeit ▼	Metall ▼
Abwasser	**Recycling oder Sondermüllentsorgung**

Stoffe mit E 15
Calcium
Abzug!
Vorsichtig mit Wasser umsetzen, Gase verbrennen oder ableiten, Rückstände verdünnen. ▼
Abwasser

Stoffe mit E 16

Alkalimetalle, z. B. Natrium, Kalium	Chlorwasser, Brom, Bromwasser, Iod	Chromsalze, Chromate	Quecksilber, quecksilberhaltige Rückstände ▼
Mit Ethanol bzw. Butanol (Kalium) vorsichtig umsetzen; nach 1 bis 3 Tagen wie Stoffe mit E 2 weiterbehandeln (neutralisieren). ▼	Mit Natriumthiosulfatlösung umsetzen. ▼	Mit Natriumhydrogensulfitlösung bei pH = 2 zu Chrom(III)-Salzlösung reduzieren; nach etwa 2 Stunden in den Sammelbehälter geben. ▼	**Sammelbehälter** „Quecksilberreste" (T+) (verschlossen aufbewahren) ▼
Abwasser	**Abwasser**	**Sammelbehälter** „Anorganische Chemikalienreste" (T, C) ▼	**Recycling oder Sondermüllentsorgung**
		Sondermüllentsorgung (evtl. Recycling)	

Entsorgungsratschläge (E-Sätze)

E 1 Verdünnen, in den Ausguss geben (WGK 0 bzw. 1)
E 2 Neutralisieren, in den Ausguss geben
E 3 In den Hausmüll geben, gegebenenfalls im Polyethylenbeutel (Stäube)
E 4 Als Sulfid fällen
E 5 Mit Calcium-Ionen fällen, dann E 1 oder E 3
E 6 Nicht in den Hausmüll geben
E 7 Im Abzug entsorgen
E 8 Der Sondermüllbeseitigung zuführen (Adresse zu erfragen bei der Kreis- oder Stadtverwaltung), Abfallschlüssel beachten
E 9 Unter größter Vorsicht in kleinsten Portionen reagieren lassen (z. B. offen im Freien verbrennen)
E 10 In gekennzeichneten Behältern sammeln:
1. „Organische Abfälle – halogenhaltig"
2. „Organische Abfälle – halogenfrei"
dann E 8
E 11 Als Hydroxid fällen (pH = 8), den Niederschlag zu E 8
E 12 Nicht in die Kanalisation gelangen lassen (S-Satz S 29)
E 13 Aus der Lösung mit unedlem Metall (z. B. Eisen) als Metall abscheiden (E 14, E 3)
E 14 Recycling-geeignet (Redestillation oder einem Recyclingunternehmen zuführen)
E 15 Mit Wasser vorsichtig umsetzen, frei werdende Gase absorbieren oder ins Freie ableiten
E 16 Entsprechend den speziellen Ratschlägen für die Beseitigungsgruppen beseitigen

Liste von Gefahrstoffen

Gefahrstoff	Kenn-buchstabe	R-Sätze	S-Sätze	E-Sätze
Aceton (Propanon)	F, Xi	11-36-66-67	(2)-9-16-26	1-10-14
Aluminium, Grieß	F	10-15	(2)-7/8-43	6-9
Aluminium, Pulver	F	15-17	(2)-7/8-43	6-9
Aluminiumbromid, wasserfrei	C	22-34	7/8-26-36/37/39-45	2
Aluminiumchlorid, wasserfrei	C	34	(1/2)-7/8-28-45	2
Aluminiumiodid	C	34	26-36/37/39-45	2
Ammoniak, wasserfrei	T, N	10-23-34-50	(1/2)-9-16-26-36/37/39-45-61	2-7
Ammoniaklösung $10\,\% \leq w < 25\,\%$	C	34	(1/2)-26-36/37/39-45-61	2
Ammoniaklösung $5\,\% \leq w < 10\,\%$	Xi	36/37/38	(1/2)-26-36/37/39-45-61	2
Ammoniumchlorid	Xn	22-36	(2)-22	1
Bariumchlorid	T	20-25	(1/2)-45	1-3
Bariumchloridlösung $3\,\% \leq w < 25\,\%$	Xn	22	(1/2)-45	1
Bariumhydroxid	C	20/22-34	26-36/37/39-45	1-3
Bariumhydroxid-8-Wasser	C	20/22-34	26-36/37/39-45	1-3
Bariumoxid	Xn	20/22-36/38	26	1-3
Blei (bioverfügbar)	T	61-20/22-33	53-45	8
Blei(II)-acetat-3-Wasser	T, N	61-33-40-48/22-50/53-62	53-45-60-61	8-14
Bleioxid	T, N	61-20/22-33-50/53-62	53-45-60-61	4-8-14
Brennspiritus (Ethanol)	F	11	(2)-7-16	1-10
Brom	T+, C, N	26-35-50	(1/2)-7/9-26-45-61	16
Bromethan (Ethylbromid)	F, Xn	11-20/22-40	(2)-36/37	10
Bromwasser $1\,\% \leq w < 5\,\%$	T, Xi	23-24	7/9-26	16
Bromwasserstoff	C	35-37	(1/2)-7/9-26-45	2
Caesium	F, C	14/15-34	(1/2)-5-8-45	6-12-16
Calcium	F	15	(2)-8-24/25-43	15
Calciumcarbid	F	15	(2)-8-43	15-16
Calciumchlorid	Xi	36	(2)-22-24	1
Calciumhydroxid	Xi	41	22-24-26-39	2
Calciumoxid	Xi	41	22-24-26-39	2
Chlor	T, N	23-36/37/38-50	(1/2)-9-45-61	16
Chlorwasser, gesättigt $w = 0{,}7\,\%$	Xn	20	9-45	16
Chlorwasserstoff	T, C	23-35	(1/2)-9-26-36/37/39-45	2
Eisen(III)-chlorid	Xn	22-38-41	26-39	2
Eisen(II)-sulfatlösung $w \geq 25\,\%$	Xn	22-38-41	26-39	2
Essigessenz	C	34	(1/2)-23-26-45	2-10
Essigsäure (Ethansäure)				
$w \geq 90\,\%$ (Eisessig)	C	10-35	(1/2)-23-26-45	2-10
$25\,\% \leq w < 90\,\%$	C	34	(1/2)-23-26-45	2-10
$10\,\% \leq w < 25\,\%$	Xi	36/38	23-26	2-10
Essigsäureethylester (Ethylacetat)	F, Xi	11-36-66-67	(2)-16-26-33	10-12
Ethan	F+	12	2-9-16-33	7
Ethanal (Acetaldehyd)	F+, Xn	12-36/37-40	(2)-16-33-36/37	9-10-12-16
Ethanallösung $w \geq 10\,\%$	Xn	36/37-40	(2)-16-33-36/37	9-10-12-16
Ethanol (Brennspiritus)	F	11	(2)-7-16	1-10

Gefahrstoff	Kenn-buchstabe	R-Sätze	S-Sätze	E-Sätze
Formaldehydlösung s. Methanallösung				
Iod	Xn, N	20/21-50	(2)-23-25-61	1-16
Iodwasserstoff	C	35	(1/2)-9-26-36/37/39-45	1
Kalium	F, C	14/15-34	(1/2)-5-8-45	6-12-16
Kaliumdichromatlösung				
0,5 % ≤ *w* < 7 %	T	49-46-43	53-45-60-61	6-12-16
Kaliumhydroxid (Ätzkali)	C	22-35	(1/2)-26-36/37/39-45	2
Kaliumhydroxidlösung (Kalilauge)				
w ≥ 25 %	C	22-35	(1/2)-26-36/37/39-45	2
5 % ≤ *w* < 25 %	C	35	(1/2)-26-36/37/39-45	2
2 % ≤ *w* < 5 %	C	34	(1/2)-26-36/37/39-45	2
0,5 % ≤ *w* < 2 %	Xi	36/38	26	1
Kaliumnitrat	O	8	16-41	1
Kaliumpermanganat	O, Xn, N	8-22-50/53	(2)-60-61	1-6
Kaliumpermanganatlösung *w* ≥ 25 %	Xn	22	(2)-60	1-6
Kohlenstoffmonooxid	F+, T	61-12-23-48/23	53-45	7
Kupferacetat	Xn	22		11
Kupfer(II)-chlorid	T	25-36/37/38	37-45	11
Kupfer(II)-chloridlösung				
3 % ≤ *w* < 25 %	Xn	22	37-45	11
Kupfer(I)-oxid	Xn	22	(2)-22	8-16
Kupfer(II)-sulfat	Xn, N	22-36/38-50/53	(2)-22-60-61	11
Kupfer(II)-sulfatlösung *w* ≥ 25 %	Xn	22-36/38	(2)-22-60	11
Lithium	F, C	14/15-34	(1/2)-8-43-45	15-1
Lithiumchlorid	Xn	22-36/38	26-36	1
Magnesium, Pulver (phlegmatisiert)	F	11-15	(2)-7/8-43	3
Magnesium, Späne	F	11-15	(2)-7/8-43	3
Mangan(IV)-oxid (Braunstein)	Xn	20/22	(2)-25	3
Methanallösung (Formaldehydlösung)				
w ≥ 25 %	T	23/34/25-34-40-43	(1/2)-26-36/37/39-45-51	10-12-16
5 % ≤ *w* < 25 %	Xn	20/21/22-36/3738-40-43	(1/2)-26-36/37/39-51	1-10
1 % ≤ *w* < 5 %	Xn	40-43	23-37	1
0,2 % ≤ *w* < 1 %	Xi	43	23-37	1
Natrium	F, C	14/15-34	(1/2)-5-8-43-45	6-12-16
Natriumcarbonat	Xi	36	(2)-22-26	1
Natriumhydroxid (Ätznatron)	C	35	(1/2)-26-37/39-45	2
Natriumhydroxidlösung (Natronlauge)				
w ≥ 5 %	C	35	(1/2)-26-37/39-45	2
2 % ≤ *w* < 5 %	C	34	(1/2)-26-37/39-45	2
0,5 % ≤ *w* < 2 %	Xi	36/38	26	1
Natriumnitrat	O	8	16-41	1
Nickel(II)-sulfat-6-Wasser	Xn, N	22-40-42/43-50/53	(2)-22-36/37-60-61	11-12
Nicotin	T+, N	25 27 51/53	(1/2)-36/37-45-61	10-16

Gefahrstoff	Kenn-buchstabe	R-Sätze	S-Sätze	E-Sätze
Oxalsäure	Xn	21/22	(2)-24/25	5
Oxalsäurelösung $w \geq 5\,\%$	Xn	21/22	(2)-24/25	5
Ozon	O, T	34-36/37/38		7
Petroleumbenzin	F	11	9-16-29-33	10-12
Phosphor, rot	F, N	11-16-50	(2)-7-43-61	6-9
Phosphorsäure $w \geq 25\,\%$	C	34	(1/2)-26-45	2
$10\,\% \leq w < 25\,\%$	Xi	36/38	25	1
1-Propanol	F, Xi	11-41-67	(2)-7-16-24-26-39	10
2-Propanol	F, Xi	11-36-37	(2)-7-16-24/25-26	10
Propanon s. Aceton				
Quecksilber	T, N	23-33-50/53	(1/2)-7-45-60-61	6-12-14-16
Salpetersäure $w \geq 70\,\%$	O, C	8-35	(1/2)-23-26-36-45	2
$20\,\% \leq w < 70\,\%$	C	35	(1/2)-23-26-27	2
$5\,\% \leq w < 20\,\%$	C	34	(1/2)-23-26-27	2
Salzsäure $w \geq 25\,\%$	C	34-37	(1/2)-26-45	2
$10\,\% \leq w < 25\,\%$	Xi	36/37/38	(2)-28	2
Sauerstoff	O	8	(2)-17	
Schiffs Reagenz	Xi	36/37	24-26	2
Schwefeldioxid	T	23-34	(1/2)-9-26-36/37/39-45	7
Schwefelsäure $w \geq 15\,\%$	C	35	(1/2)-26-30-45	2
$5\,\% \leq w < 15\,\%$	Xi	36/38	(2)-26	2
Schwefelwasserstoff	F+, T+, N	12-26-50	(1/2)-9-16-28-36/37-45-61	2-7
Schwefelwasserstofflösung $0{,}1\,\% \leq w \leq 1\,\%$	Xn	20	(1/2)-9-28-45-61	2
schweflige Säure $5\,\% \leq w \leq 10\,\%$	Xi	36/37/38	24-26	2
Silbernitrat	C, N	34-50/53	(1/2)-26-45-60-61	12-13-14
Silbernitratlösung $5\,\% \leq w < 10\,\%$	Xi	36/38	(1/2)-26-45-60	12-13-14
Silberoxid	O, Xi	8-41-44	26-39	12-13-14
Stickstoffdioxid	T+	26-34	(1/2)-9-26-28-36/37/39-45	7
Stickstoffmonooxid	T+	26/27	45	7
Wasserstoff	F+	12	(2)-9-16-33	7
Wasserstoffperoxidlösung $w \geq 60\,\%$	O, C	8-34	(1/2)-3-28-36/39-45	1-16
$20\,\% \leq w < 60\,\%$	C	34	(1/2)-28-36/39-45	1
$5\,\% \leq w < 20\,\%$	Xi	36/38	(1/2)-28-36/39-45	1
Zinkbromid	C, N	34-50/53	26-60-61	1-11
Zinkchlorid	C, N	34-50/53	(1/2)-7/8-28-45-60-61	1-11
Zink, Pulver (stabilisiert)		10-15	(2)-7/8-43	3
Zink, Staub	F	15-17	(2)-7/8-43	3
Zinksulfat	Xi, N	36/38-50/53	(2)-22-25-60-61	1-11
Zinn(II)-chlorid	Xn	22-36/37/38	26	1-11

w: Massenanteil

Register

f. nach der Seitenzahl
bedeutet „und folgende Seite“,
ff. „und folgende Seiten“.

A
Aggregatzustandsänderung 22
Alchemie 9
Alkalimetalle 39, 41 f., 44, 52, 72
–, Flammenfärbung 45
Aluminium 7 f., 11, 13, 56
Aluminiumoxid 24
Amalgam 11
Anion 101
Anode 100 ff.
Anziehungskraft 14
Argon 64, 66 f.
ARISTOTELES 16
Atom 14 ff., 23
atomare Masseneinheit (u) 15, 20
Atombau 71, 78, 82, 84
Atomhülle 15, 20, 74, 82, 84
–, Schalenmodell 74
Atomkern 15, 20, 73, 77, 82, 84
Atommasse 15, 20, 30, 73
Atommodell 14, 17
Atomradius 79, 82
Außenelektronen 75, 84
Avogadro-Konstante 29, 37

B
Barium, Flammenfärbung 49
Baueinheit 25
Beryllium 52
BERZELIUS, J. J. 16, 23, 35
Bindung, chemische 94
BINNIG, G. 76
Blei 7, 9, 13
Blut 42
BOHR, N. 74, 81
Brom 54 ff.
Bromwasserstoff 62 f.
Bronze 12 f.
Bronzezeit 12
BUNSEN, R. W. 46, 51

C
Cadmium 8
Calcium 46 ff., 52
–, Flammenfärbung 49
–, Steckbrief 47
Calciumoxid 24
CAVENDISH, H. 67
chemische Bindung 94
chemische Formel 23
chemische Reaktion, Masseberechnung 32 ff.
–, Reaktionsgleichung 26
chemisches Element 16, 20
chemisches Symbol 16, 20, 23
chemisches Zeichen 23
Chlor 54 ff.
Chlorophyll 46
Chlorwasserstoff 62 f.
Chrom-Nickel-Stahl 13
Cobalt 8

D
DAGUERRE, J. 60
DALTON, J. 14, 16 f.
DAVY, H. 42
DEMOKRIT 14
Dichte 6 f., 9
Dissoziation 99
DÖBEREINER, J. W. 81
DORN, F. E. 67
Downs-Zelle 102
Duraluminium 13

E
Edelgase 53, 64 ff., 69, 72
Edelgaskonfiguration 75, 79
Eisen 7 f.
Eisenoxid 24
Eisenzeit 12
Elektrolyse 101, 105
Elektron 14 f., 20, 64 f., 73 f., 77, 82, 84
Elektronenabgabe 82, 97
Elektronenaufnahme 82, 97
Elektronenkonfiguration 74
Elektronenoktett 75, 84
Elektronenpaar 75
Elektronenschale 74, 82, 84
Elektronenübergang 97
Element, chemisches 16, 20
Elementarteilchen 73, 77, 84
Energieniveau 74
Energiestufen 74
Entsorgungsratschläge 114
Enzyklopädie, multimediale 10
Erdalkalimetalle 39, 41, 48 f., 52, 72
–, Flammenfärbung 49
Erden 24
E-Sätze 114

F
Faraday-Käfig 11
Feuerwerk 39 f., 49
Flammenfärbung 45, 49
–, Alkalimetalle 45
–, Barium 49
–, Calcium 49
–, Erdalkalimetalle 49
–, Kalium 45
–, Lithium 45
–, Natrium 43, 45
–, Strontium 49
Formeln 23, 25, 37
Formgedächtnislegierung 19
Fotografie 57, 60 f.

G
Gefahrenbezeichnungen 112
Gefahrenhinweise 112
Gefahrensymbole 112
Gefahrstoffabfälle, Entsorgung 114
Gefahrstoffe 113
–, Liste 115 ff.
GEHRY, F. O. 5
Gesetz der konstanten Massenverhältnisse 29
Gesetz der Periodizität 79, 84
Glanz, metallischer 7, 9
Glühlampe 65
Gold 9, 13
Größe, quantitative 31
Größengleichung 37
Gruppen 18

H
Halbmetalle 80, 82
Halogen 96 f.
Halogene 53, 55 f., 62, 69, 72
Halogenid 96
Halogenide 56, 96
Halogenlampe 68
Halogenwasserstoff 62 f., 69
Härte 6
Helium 64, 66 f., 77
Hydratation 98

I
Index 23
Internet 10
Internetrecherche 50
Iod 54 ff., 58
Ionen 92 ff., 105
–, Bildung 105
–, hydratisierte 98
Ionenbindung 94 f., 105
Ionengitter 93, 105
Ionengleichung 99, 105
Ionenverbindung 94 f.
Ionenwanderung 101
Ionisierungsenergie 74
Isotope 73, 76, 84

K
Kalium 44 f., 52
–, Flammenfärbung 45
Kathode 100 ff.
Kation 101
Kennbuchstaben 112
Kern-Hülle-Modell 15, 17, 20, 73, 84
Kernladungszahl 73, 84
Kochsalz 41 ff., 56
Krypton 64 ff.
Kupfer 7 f., 13
Kupferzeit 12

L
Ladungsträger 100
LAVOISIER, A. L. 16
Legierung 7, 13, 20
Leichtmetall 9, 43
Leitfähigkeit, elektrische 6, 9, 100
Leuchtstoffröhre 65
Lexikon 10
LIEBIG, J. VON 46
LINDE, C. VON 67
Lithium 44 f., 52
–, Flammenfärbung 45

M
Magnesium 7 f.
Magnesium 46, 48 f., 52, 56
–, Steckbrief 46
Magnesiumoxid 24
–, Modell 25
Manganstahl 13
Masse einer Stoffportion 28, 30 f., 37
–, Berechnung (Schrittfolge) 32 ff.
–, molare 30 f., 37
Masseneinheit, atomare (u) 15, 20
Massenspektrometer 76
Massenzahl 73, 84
Memory-Metall 19
MENDELEJEV, D. I. 18, 78, 81
Messing 13
Metalle 5 ff., 11 f., 19 f., 23, 80 ff.
–, Bau 14 f.
–, Dichte 6, 9
–, Eigenschaften 7 f.
–, elektrische Leitfähigkeit 6, 9
–, Härte 6
–, Legierung 7, 13, 20
–, Schmelztemperatur 6
–, Stoffgruppe 9
–, Verformbarkeit 9
–, Wärmeleitfähigkeit 7, 9
–, Werkstoff 12
Metallhalogenid 57, 69, 94 f.
Metalllegierung 13, 20
Metalloxid 24
MEYER, L. 18, 78, 81
Modell 17
–, Kupfer 14
–, Magnesiumoxid 25
–, Ozonmolekül 23
–, Sauerstoffmolekül 22
–, Stickstoffmolekül 22
Mol (mol) 29
molare Masse 30 f., 37
Molekül 22 f., 37
–, Formel 25
–, Masse 30
Molekül, Ozonmolekül (Modell) 23
–, Sauerstoffmolekül (Modell) 22
–, Stickstoffmolekül (Modell) 22
–, Verbindung 24

N
Natrium 8 f, 42 ff., 52, 56
–, Flammenfärbung 43, 45
–, Steckbrief 43
Natriumchlorid 41 f., 56 f., 88, 92 ff.
Natriumhydroxid 42
Neon 64, 67
Neutronen 73, 77, 84
NEWLAND, J. A. R. 81
Nichtmetalle 80, 82
Nichtmetalloxid 24
Nickel 8

O
Ordnungszahl 18, 20, 73, 82, 84
Ötzi 83
Oxid, Bau 24
–, Bedeutung 24
–, chemische Formel 25
Ozon 23
Ozonmolekül (Modell) 23

P
Periode 18
Periodensystem der Elemente (PSE) 18, 20, 71 f., 78–84
Platin 11
Proton 15, 20, 73, 77, 82, 84

Q
quantitative Größe 31
Quecksilber 8, 13
Quecksilberdampflampe 11

R
Radon 66 f.
RAMSAY, SIR W. 67
Raster-Tunnelelektronenmikroskop 14, 19, 76
RAYLEIGH, J. W. 67
Reaktion, chemische s. chemische Reaktion
Reaktionsgleichung 26, 37
–, Entwicklung 27
–, quantitative Aussage 32
Recherche 10
ROHRER, H. 76
R-Sätze 112
RUTHERFORD, E. 15, 17

S
Saline 86
Salz 85 ff., 105
Salze 56, 88 f.
–, Bau 105
Salzgärten 99
Salzgewinnung 99
Salzlagerstätte 86
Sauerstoff 22 f.
Sauerstoffmolekül (Modell) 22
Schalenmodell der Atomhülle 74
–, des Schwefelatoms 82
Schmelzflusselektrolyse 102 f.
Schmelztemperatur 6 f.
Schmiedeeisen 13
Schwarzpulver 40
Schwermetall 9
Sicherheitsratschläge 113
Siedesalz 86
Silber 8, 11, 13
Sole 86
S-Sätze 113
Stahl 13
Steckbrief 7, 9, 43, 46 f.
—, Blei 9
–, Calcium 47
–, Gold 9
–, Magnesium 46
–, Natrium 43
Steinsalz 42, 86
Stickstoff 22 f.
Stickstoffmolekül (Modell) 22
Stoffgemische, homogene 13
Stoffmenge 28 f., 31, 37
Stoffportion, Masse 37
–, Stoffmenge 37
–, Teilchenanzahl 37
Streuversuch (RUTHERFORD) 15
Strontium, Flammenfärbung 49
Symbol, chemisches 16, 20
–, Element 16

T
Teilchenanzahl 29 f.
–, Stoffportion 37
THOMSON, J. 14, 17, 76
Titan 5, 10 f.

U
unit (u) 15, 20
Universum 77

V
Valenzelektronen 75, 80, 82, 84
Verformbarkeit 9
Verhältnisformel 25
–, Ermittlung 59

W
Wärmeleitfähigkeit 7, 9
Weltall 77
Werkstoff aus Metall 12
– nach Maß 13
WINKLER, C. 19, 81
Wolfram 13

X
Xenon 64 ff.

Z
Zeichen, chemisches 23
Zink 7
Zinkoxid 24

Bildnachweis

ADN, Berlin: 87/4 | Agentur Focus: 17 (Dalton) | Airborn Manhattan Project: 10/1 | alimdi.net/Kroeger, T.: 42/3 | a-location: 8/2 | Arndt, B., Leipzig: 94/1 (Kaliumchlorid) | artpartner-images/Haag & Kropp GbR: 71 (Hintergrund) | artur architekturbilder agentur/Koch, E.: 5 (Hintergrund) | Augenklick/Baumann: 33/2 | Avenue Images/Index Stock/Manewal, E.: 89/4 | Avenue Images/Life: 89/5 | BASF: 102/3 | Bildagentur-online/TH-Foto: 88 | BilderBox.com/Wodicka, E.: 71 (Mutter) | BilderBox: 9/5 | blickwinkel/Gerth, R.: 42/2 | blickwinkel/Hartl, A.: 58/4 | blickwinkel/McPHOTO: 102/1 (Feuerzeuge) | blickwinkel/Szczepanski, D.: 62/1 | blickwinkel/Thomas, K.: 102/1 (Stühle) | bridgemanart.com: 83/2 | Carl Zeiss, Oberkochem: 93 (Eiskristall) | CARO/Oberhaeuser: 68/3 | Conrad Electronic SE, Hirschau: 54/1 | Corbis/Lefkowitz, L.: 49/5 | Corbis/Ressmeyer, R.: 66/1,2 | Corbis: 17 (Thomson), 24/2 | Corel: 39 (großes Foto), 40/4,5 | DaimlerChrysler AG, Stuttgart: 32/1 | Deepol/Camilo, R.: 71 (Urwald) | Deutsche Bahn AG, Berlin: 22/1 | Deutsches Museum, Bonn: 19/3 | Deutsches Museum, München: 65/6, 67/4 | Döring, V., Hohen Neuendorf: 7, 9/4, 12/2, 24/1, 26/1, 29/2,3, 30/1, 31/2, 34, 36/1,2, 43/4,5, 44/1,2, 45/3,4, 46/1, 47/4, 49/4, 51/1-3, 52, 54/2-4, 55/5, 56/2, 58/1, 59/1, 68/2, 69, 72/2, 78/2 (Aluminium, Chlor), 80/1 (Blei), 92/2, 96/1, 98/2 | f1 online/Bartel, A.: 89/3 | f1 online/Panorama Media: 65/3 | f1 online/Wauer: 17 (Globus) | Fischer, R. J., Berlin: 95 (Salzpackung) | Focus, Hamburg: 74/2 | Gartung, W., Wings: 98/1 | Giebe, Halle: 86/2 | Glasgalerie Jan Kilian: 63/4 | HelgaLade Fotoagentur: 53 (Leuchtschild) | IBM Mediapool: 76/4 | Intro/Ausserhofer, D.: 72/1 | Jahreszeiten Verlag/Bernhardi, M.: 89/2 | Kern & Sohn GmbH, Balingen: 21 (Waage) | Keune, H.†: 92/3 (mikroskopische Aufnahme) | Kneffel, Michael: 53 (Plasmakugel) | Knopfe, M., Freiberg: 78/2 (Schwefel), 78/3 (Kupfer), 80/1 (Kohlenstoff/Kohle), 82, 85 (Salzkristall), 92/3 (Salzkristall), 93 (Mineral), 94/1 (Calciumfluorid), 105 (Salzkristall) | Kretschmer, K., Berlin: 87/5 | Landesamt für Denkmalpflege und Archäologie Sachsen-Anhalt/Lipták, J.: 12/1 | Lessing, L./Arnold, P.: 48/2 | Lins, A.-J./Hann: 42/1 | Mahlzahn, H., Berlin: 80/1 (Kohlenstoff/Diamant) | Matthes, S., Berlin: 12/3 | Mauritius/Fichtl: 48/3 | Mauritius/Freytag: Titelbild | Mauritius: 56/1 | mediacolors: 51/4 | Mineralienkabinett Uni Bremen: 48/1 | Mulder, J./JOKER, Bonn: 19/1 | NASA/Hubble: 77/3 | NASA: 11 (Teleskop), 67/2,3, 77/1,2,4,5 | Nayhauß, D. v., Berlin: 28/1 | Noris-Blattgold GmbH, Schwabach: 14/1 (Blattgold) | OKAPIA: 49/6, 58/2, 103/5 (Bauxitabbau) | Omicron: 14/1 (Oberfläche) | Osram GmbH, München: 53 (Energiesparlampe, Glühlampe, Leuchtstoffröhre), 65/4,5 | picture-alliance/Bildagentur Huber: 64/1 | picture-alliance-dpa: 11 (Wirbelsäule), 19/2, 80/1 (Zinn) | Prevost, Paris: 104/2 | project photos: 58/3 | pyroweb.de: 40/2,3,6 | Schlippenbach, C. v.: 61/2 | Seilnacht, Th., Bern: 80/1 (Germanium), 103/5 (Bauxit) | SPL/Agentur Focus: 64/2, 76/1,5 | StockFood/Urban, M.: 92/1 | Superbild Bildagentur, Berlin: 21 (Hintergrund) | SWR: 57/4 | Technische Universität, Berlin: 11 (Auto) | ullstein bild, Berlin: 39 (kleine Fotos), 86/1 | ullsteinbild-Imagebroker.net: 40/1 | vario images/Khandani, H.: 47/3 | vario-press: 8/3 | VAW Aluminium AG, Bonn: 103/5 | VISUM/Vossberg, A.: 11 (Beamer) | Wacker Siltronic, Burghausen: 80/1 (Silicium) | Wikipedia/Public Domain: 60/1, 81/1 | Willemsen, Thomas: 102/103 (Hintergrund) | zefa: 5 (unten).

Alle anderen Fotos: Cornelsen Verlag, Berlin.

Periodensystem der Elemente

- Metall (blau)
- Halbmetall (grün)
- Nichtmetall (gelb)

schwarz = Feststoff
weiß = Flüssigkeit
rot = Gas
hellblau = künstliches Element
* = radioaktives Element

[1] = Gruppennummerierung IUPAC (1989): Gruppennummern 1 bis 18
[2] = vorläufiges IUPAC-Symbol

Periode	1[1] I. Hauptgruppe	2 II. Hauptgruppe	3 III. Nebengruppe	4 IV. Nebengruppe	5 V. Nebengruppe	6 VI. Nebengruppe	7 VII. Nebengruppe	8 VIII. Nebengruppe	9 VIII. Nebengruppe
1	1 1,008 **H** Wasserstoff								
2	3 6,94 **Li** Lithium	4 9,01 **Be** Beryllium							
3	11 22,99 **Na** Natrium	12 24,31 **Mg** Magnesium							
4	19 39,10 **K** Kalium	20 40,08 **Ca** Calcium	21 44,96 **Sc** Scandium	22 47,88 **Ti** Titan	23 50,94 **V** Vanadium	24 51,996 **Cr** Chrom	25 54,94 **Mn** Mangan	26 55,85 **Fe** Eisen	27 58,93 **Co** Cobalt
5	37 85,47 **Rb** Rubidium	38 87,62 **Sr** Strontium	39 88,91 **Y** Yttrium	40 91,22 **Zr** Zirconium	41 92,91 **Nb** Niob	42 95,94 **Mo** Molybdän	43 [98] **Tc*** Technetium	44 101,07 **Ru** Ruthenium	45 102,91 **Rh** Rhodium
6	55 132,91 **Cs** Caesium	56 137,33 **Ba** Barium	57 138,91 **La** ● Lanthan	72 178,49 **Hf** Hafnium	73 180,95 **Ta** Tantal	74 183,84 **W** Wolfram	75 186,21 **Re** Rhenium	76 190,23 **Os** Osmium	77 192,22 **Ir** Iridium
7	87 [223] **Fr*** Francium	88 226,03 **Ra*** Radium	89 227,03 **Ac*** ●● Actinium	104 [261] **Rf*** Rutherfordium	105 [262] **Db*** Dubnium	106 [266] **Sg*** Seaborgium	107 [264] **Bh*** Bohrium	108 [277] **Hs*** Hassium	109 [268] **Mt*** Meitnerium

● Elemente der Lanthanreihe (Lanthanoide)

Periode					
6	58 140,12 **Ce** Cer	59 140,91 **Pr** Praseodym	60 144,24 **Nd** Neodym	61 [145] **Pm*** Promethium	62 150,36 **Sm** Samarium

●● Elemente der Actiniumreihe (Actinoide)

Periode					
7	90 232,04 **Th*** Thorium	91 231,04 **Pa*** Protactinium	92 238,03 **U*** Uran	93 [237] **Np*** Neptunium	94 [244] **Pu*** Plutonium

Ordnungszahl — 7; 14,007 — Atommasse in u
Name — Stickstoff; N — Symbol

Die Atommassen in eckigen Klammern beziehen sich auf das längstlebige gegenwärtig bekannte Isotop des betreffenden Elements.